頤和園

Summer Palace

二〇一九年

第拾伍辑

北京市颐和园管理处 编

文物出版社

图书在版编目（CIP）数据

颐和园（第 15 辑）/ 北京市颐和园管理处编 . -- 北京 :
文物出版社 , 2019.9

ISBN 978-7-5010-6184-6

Ⅰ . ①颐… Ⅱ . ①北… Ⅲ . ①颐和园—介绍 Ⅳ . ① TU-87

中国版本图书馆 CIP 数据核字 (2019) 第 125139 号

颐和园（第 15 辑）

编　　者：北京市颐和园管理处

责任编辑：冯冬梅
装帧设计：刘　远
责任印制：张　丽

出版发行：文物出版社
地　　址：北京市东直门内北小街 2 号楼
邮　　编：100007
网　　址：http: //www.wenwu.com
邮　　箱：web@wenwu.com
印　　刷：北京荣宝艺品印刷有限公司
经　　销：新华书店
开　　本：889mm × 1194mm　1/16
印　　张：10
版　　次：2019 年 9 月第 1 版
印　　次：2019 年 9 月第 1 次印刷
书　　号：ISBN 978-7-5010-6184-6
定　　价：180.00 元

颐和园

Summer Palace

编委会

颐和园 Summer Palace 第十五辑

目录 catalogue

颐和园 Summer Palace 第十五辑

前言 foreword

全国文化中心是北京城市战略定位的四个中心之一。西山永定河文化带和大运河文化带等三个文化带是北京全国文化中心建设的重要内容。颐和园处于西山永定河文化带和大运河文化带的交汇之处，是镶嵌在这两个文化带上的耀眼明珠。颐和园所在的三山五园地区是与北京老城交相辉映的历史文化区域，是北京历史文化名城的金名片。

颐和园和两个文化带有着深厚的历史渊源。颐和园昆明湖的前身瓮山泊，早在金代就通过金水河为宫苑和漕运供水。元代，郭守敬开白浮瓮山河，使白浮诸泉水汇入瓮山泊，连接通惠河汇入通州白河，接济漕运。瓮山泊在此时成为北京城市的水源枢纽。明代，西湖、长河成为郊游胜地。清代乾隆拓挖昆明湖，整理西郊水系，使之成为北京的水库，兼具储水、泄洪、灌溉、航行、观景的郊游胜地。帝后御舟以颐和园昆明湖为中心，西北从玉带桥可达玉泉山静明园，东南从绣漪桥直通西直门倚虹堂。长河 — 昆明湖 — 玉河一线，成为连接北京城与西郊诸名胜的皇家水上航线，将长河两岸的倚虹堂、五塔寺、豳风堂、畅观楼、紫竹院行宫、广源闸、万寿寺、麦庄桥、长春桥、广仁宫，以及颐和园、玉泉山等京西历史人文名胜串联起来。至今，长河仍然在发挥着水运观光的作用与价值。

颐和园的昆明湖是在永定河故道泉水溢出带上形成的湖泊，万寿山是西山的余脉。颐和园所在的三山五园地区是西山永定河文化带的核心景区。明代，西山游览多以西湖为起点。清代乾隆时期，修筑引水石渠，将香山、碧云寺、樱桃沟的泉水引至广润庙，再至玉泉山，进而通过玉河（北长河）到达昆明湖，这一工程扩大了昆明湖的水源，进一步密切了清漪园与西山地区的关系。

2017年以来，颐和园积极参与北京全国文化中心建设，认真开展西山永定河文化带和大运河文化带建设工作，在文化研究、古建修缮、古建腾退、景观保护、规划编制等多个方面开展工作，使园内工作与北京市工作大局紧密结合，助力北京全国文化中心建设。2018年，颐和园专门成立文化带建设办公室，统筹协调文化带建设相关项目。通过人大代表提案，努力推进颐和园东宫门公交场站搬迁，文化带建设取得了实质性进展，世界文化遗产的完整性保护向前迈进了一大步。未来，颐和园还将以更为饱满的状态投入到文化带建设中，不断推动各项工作，使颐和园这颗明珠在两个文化带中熠熠生辉。

为进一步落实《北京城市总体规划》(2016 ~ 2035)，推动两个文化带文化研究走向深入，我们特别筹划出版“两个文化带专刊”，希望以此展示以颐和园为代表的三山五园地区的深厚历史文化，展示颐和园在古建修缮、景观保护、文化研究、规划编制等方面取得的成果，使公众更为细致地了解颐和园在文化中心建设中所作做努力，更为生动地感知颐和园作为世界文化遗产的内在魅力，进而使全社会形成合力，共同推动遗产保护事业，共同参与并推动文化中心建设，擦亮北京历史文化名城金名片。

北京西山永定河文化带的提出及其内涵与价值

岳升阳

北京市提出三个文化带的构想，并将其纳入新的总体规划，成为北京文化发展战略的组成部分。其中，西山永定河文化带的确定和内在价值的提炼，经历了一个发展过程。

一　西山永定河文化带的提出

西山和永定河是两个不同的概念，地域既有重叠，也有差异，将二者结合在一起，成为一个文化带，经历了发展演变的过程。

1.“大西山文化带”概念的提出

西山是距北京城最近的山体，古人形容北京城的地理形势为“左环沧海，右拥太行”，西山即是太行山的一部分，被称为“神京之右臂”。西山及山前地带是北京郊外历史文化遗产最丰富、类型最多样的地区。

早在20世纪90年代，清华大学吴良镛先生从圆明园遗址保护的目的出发，提出了建设国家公园的设想，将圆明园及其以西文化遗存分布密集的山地建设成为国家公园。

2003年，在由首都规划委员会主持的“北京空间发展战略研究”项目中，清华大

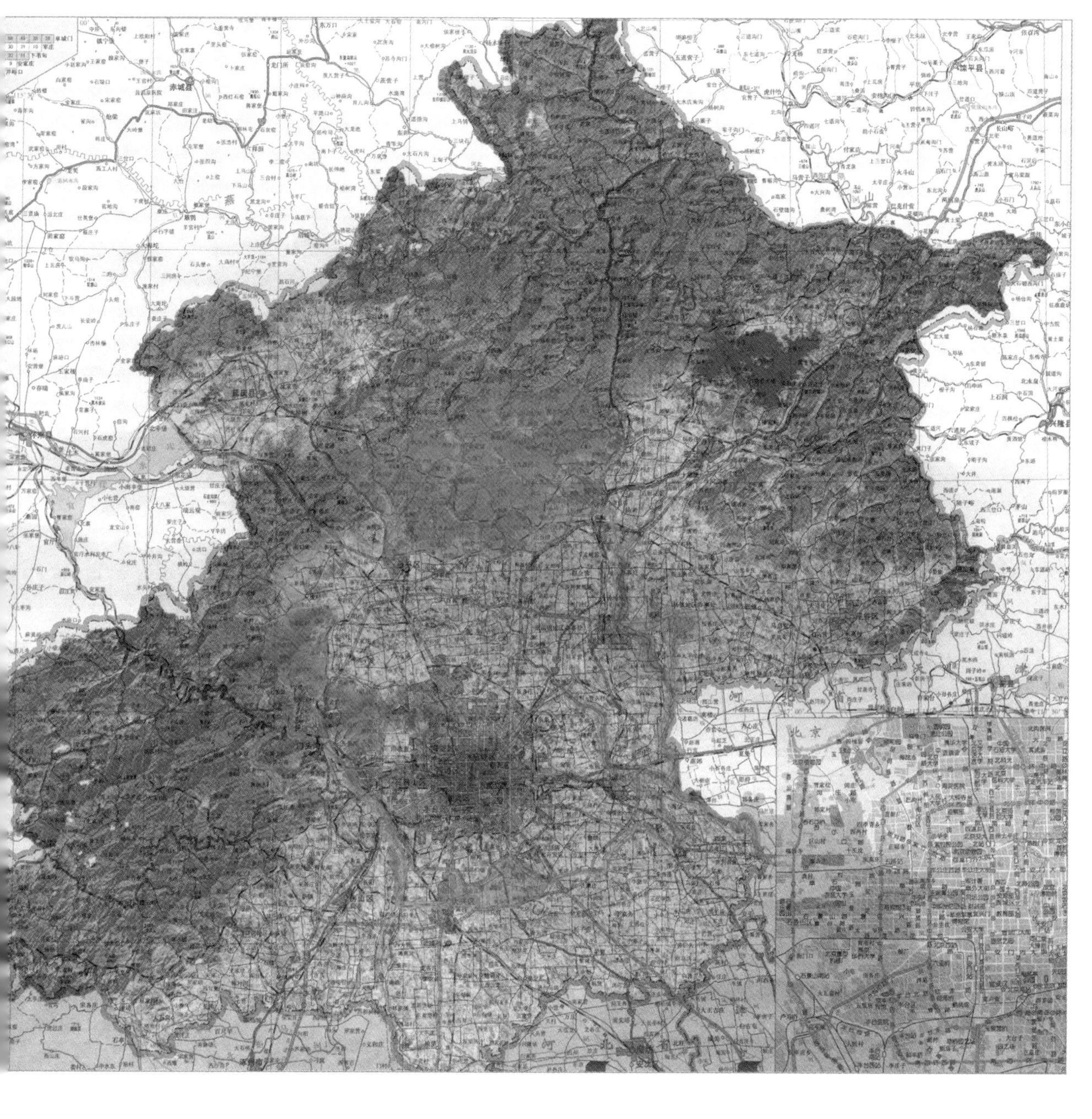

图一　北京四大公园区位图

学建筑与城市研究所依据吴良镛先生的思想，提出了“建设四大国家公园”的战略思想和规划概念，建议在城市大致的西、北、东、南四个方向分别建设一个国家公园，即西北郊历史文化公园、北郊森林公园、东郊游憩公园以及南郊生态公园，形成北京近郊的国家公园系统（图一）。

西北郊历史文化公园是以北京西北郊丰富的历史人文资源和西山风景区的自然景观资源为基础，包括颐和园、圆明园、玉泉山、香山公园、植物园、八大处、潭柘寺、戒台寺及周边景点，面积约为400多平方千米。该区域内历史文化特色突出，人文与自然山水交相辉映，是北京自然与人文结合的精华之所（图二）。

2004年，北京市总体规划采纳了清华大学的建议，将四个国家公园的构想纳入总规，提出在北京四郊发展四个国家公园的战

图二 清华大学提出的西北郊历史文化公园范围图

略构想。其中，在西郊建设“西北郊历史公园”（图三），但仅仅是构想，并未施行。

2013年，北京市园林绿化局在此基础上提出“西山国家森林公园”的规划构想，其区域与“西北郊历史公园”相似，内容更侧重于森林植被的自然要素。

2014年，在北京市园林局“西山国家森林公园”规划设想的启发下，北京市文物局提出“大西山文化带”的概念（参见图三）。为此，文物局领导专门拜访了吴良镛先生，听取其意见，并于同年拿出北京“大西山文化带”保护利用报告（图四）。文物局的工作重点在于文物保护，力求可操作性强，有总规为依托，并与长城文化带在空间上有区分。“大西山文化带”在设计之初规模并不大，仅在“西北郊历史公园”的基础上有所扩大，面积约460平方千米。当时在设计上让出了永定河，以便为永定河文化带留出空间，永定河以南则以国家地质公园的构想为主。

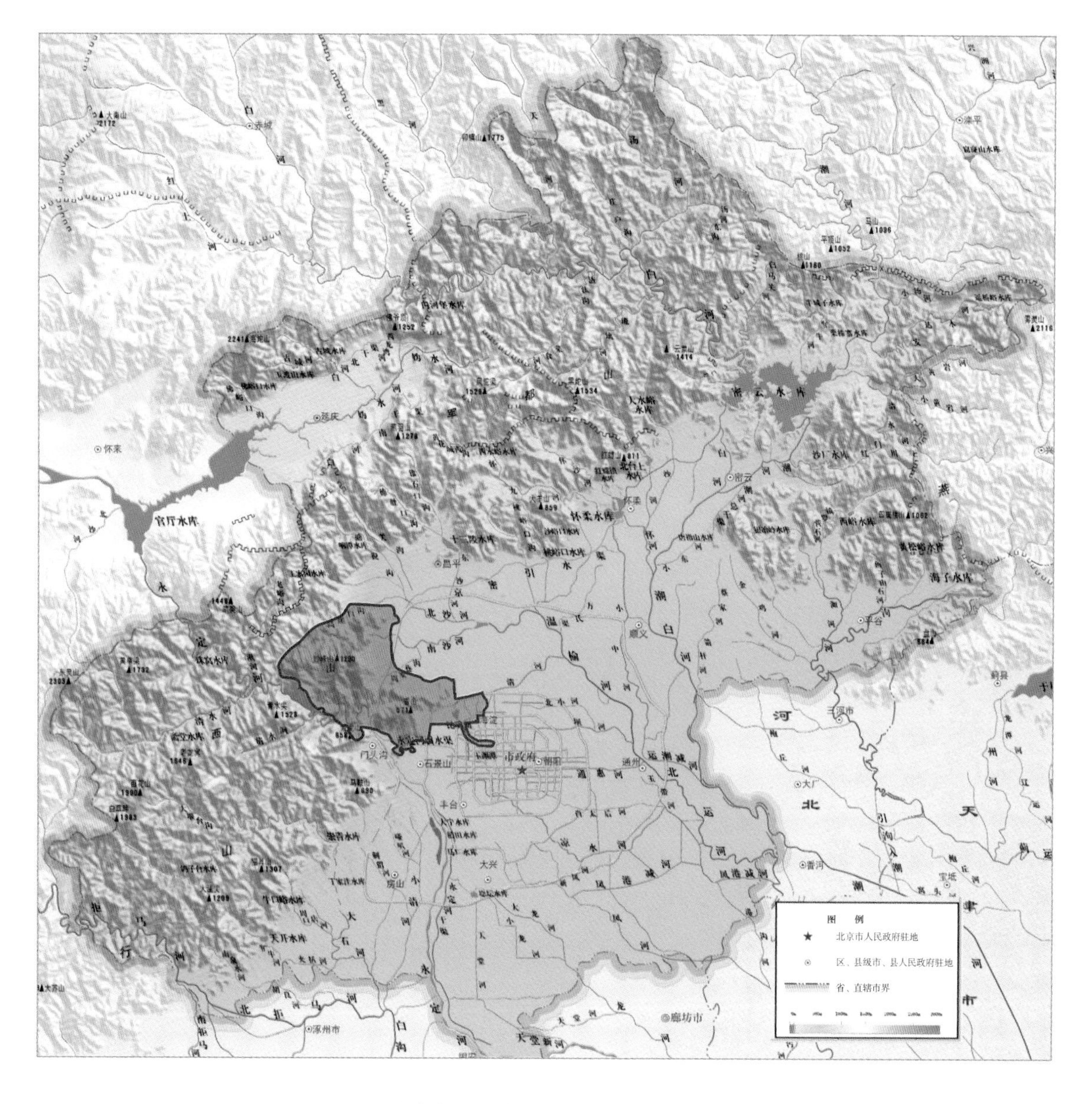

图三　北京市文物局最初提出的大西山文化带范围图

2. 由大西山文化带到西山永定河文化带

“大西山文化带”的概念提出后，得到各区的积极响应，希望能加入其中。海淀区宣传部联合门头沟、石景山、房山、昌平等区，提出了更大的“大西山文化带”概念。从此，“大西山文化带”超出了文物局规划的框架，成为多个区的共同诉求。“大西山文化带”概念的迅速发酵，引来轰轰烈烈的宣传活动，“大西山文化带”范围迅速扩大到整个北京西部山地。

2016年，在“大西山文化带”的宣传有步骤地进行之时，北京市社会科学院有关专家提出永定河是北京的母亲河，应该增设“永定河文化带”。2017年，北京市决定将“大西山文化带”与“永定河文化带”结合在一起，形成“西山永定河文化带”。

2018年，北京市园林绿化局和北京市文物局制定了“西山永定河文化带”发展规划，将“西山永定河文化带”的范围进一步扩大，

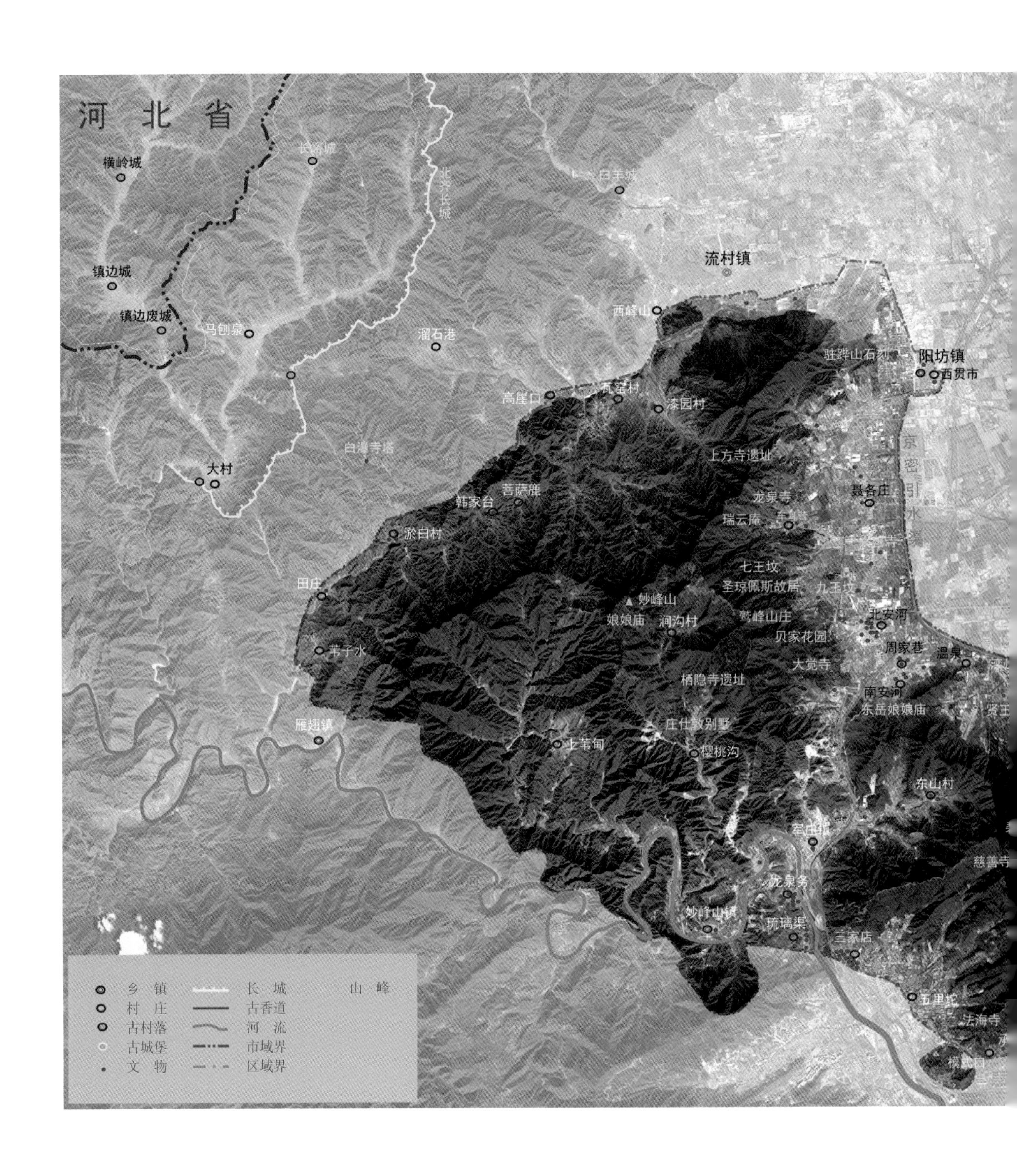

拟把延庆妫水河流域的部分平原区纳入其中。他们认为，延庆妫水河是永定河支流，应属于永定河文化带。同时，将莲花池纳入永定河文化带，因为莲花池作为昔日永定河故道上的泉水湖泊，为北京早期城址提供了水源。南苑作为永定河故道分布区和古代皇家园囿，也被纳入到西山永定河文化带中，文化带由此多了两块飞地。后大兴区又提出应把整个大兴区纳入文化带。还有学者提出，应把延庆的冬奥会场所地纳入到“西山永定河文化带”中来，也有的提出北京以外的永定河上游也属于永定河文化带。内容的庞杂和范围的不确定，给规划制定者增加了难度。

“西山永定河文化带”发展到今天，可以说大框架已定，细节仍需推敲。

图四　北京大西山历史文化区分布图

的是北京的文化发展，为此，要挖掘、保护和利用历史文化资源，使其为北京的城市发展和文化建设服务。它和大运河文化带、长城文化带一起，共同构成北京文化发展战略的重要内容。

二　西山永定河文化带的主要内容和文化内涵

（一）西山永定河文化带的范围和主要内容

今天的西山永定河文化带的概念是出于北京文化发展的需要而提出的，它所考虑

1.历史文化资源分布的历史逻辑

北京历史文化资源的分布和文化的地域特性有其自身的发展逻辑。北京城地处北京小平原西部，三面环山，距西山最近。其距西山的直线距离将近10千米，距北山约20千米，距东山约30千米。在北京，只有通州与三面山体呈等距离分布，北京城则靠近西山。由于距城近，历史上西山与北京城联系的紧密程度远超北山和东部山地，西山的概念使用的最多，也最为北京市民所看重。尤其是从北京作为首都的金代以来，西山的概念日益深入人心，并融入北京的历史文化中。

历史上的西山概念泛指北京西部山区，并没有明确的界限。中国地域广大，中国人在说到京城地理格局时，小则数百里，大则

数千里，说到西山时，大起来没有边界，可数千里，远接昆仑，稍近则为太行，为燕然山，也有的人把直达大海的北部山地也囊括进来，但一般所指还是临近京城的山地。向南可远及房山地区，这是由于北京城南下的道路途经房山山地的东麓，给人们的感觉会多一些。而向北，西山的概念当不超过昌平西部山地。北部的居庸关地区古称军都山，已是北山。

在历史遗迹的分布上，北京城外多呈带状分布。从城门到山地之间，历史遗迹主要沿道路分布；抵近山地，文化遗迹多沿山前平原及浅山区分布，形成围绕北京小平原的环山文化遗产分布带。这条文化带上的文化遗产分布，在北京市域内由东向西渐趋加密，在今海淀、石景山和门头沟的东部地区形成最密集的分布。到了房山地区，则表现为沿浅山区分布的数个文化遗产组团。

历史遗迹在分布上的差异，主要是由空间距离决定的，同时也受到道路、城市主要对外联系方向和环境的影响。随着距京城远近的不同，历史遗迹在分布上表现出圈层化的特征。在北京城西部，城郊平原区和小西山前坡为第一个大的圈层，是文化遗产分布最为密集，内涵质量最高的地区；海淀区、石景山区山前地区地处西山与北京城最近的区域属于此圈层。海淀区北部“大西山”地区、门头沟区东部山地、丰台区山地基本属于第二圈层。门头沟区西部、房山区、昌平区西部属于第三圈层。

2. 西山永定河文化带设立的现实需求和主要内容

西山地区文化遗产的分布有其历史发展的逻辑。西山永定河文化带的划定则依据现实发展的逻辑，即根据现实需要确定，所以二者并不完全匹配。设立西山永定河文化带，要考虑各区文化发展的均衡性，文化带要涵盖各区，没有遗漏。为此，就要打破历史的逻辑线索，重新归纳文化遗产的分布区域，重新确定文化遗产的组合关系。

西山永定河文化带与大运河文化带有少量重合，相互影响并不大，但与长城文化带之间却有较大重合。当这些长城区域成为国家公园后，西山永定河文化带在这一区域将无存在意义，这是不同文化带发展逻辑之间可能出现的矛盾，需在今后加以调整。

在内容上，永定河文化带只存在于部分区，海淀区和昌平区不在永定河文化带范围之内。尽管海淀区曾有数千年前的永定河故道，有因永定河而形成的湿地，但如果把故道也算在文化带内，整个北京城就都被纳入到永定河文化带内，文化带的设置就会变得臃肿庞杂而失去意义。所以，永定河文化带包括的主要还是与现代永定河有关的内容。因此，莲花池就没有必要纳入永定河文化带，它可以纳入北京老城的文化区。

西山永定河文化带的内容主要为历史文化，是在西山、永定河特定自然环境背景下形成的历史文化。今人多从文化类型上归纳，包括史前、聚落、交通道路、宗教、园林、农林物产、民俗、文学艺术、非物质文化遗产、军事、政治、艺术等诸多方面。也有按类型、地域划分，如三山五园地区、海淀大西山等。不论哪种概括方式，都应了解它们内在的历史逻辑，避免割裂。

（二）西山永定河文化带的文化价值

1.御园行宫为代表的皇家文化

小西山前坡和山前平原处在上风上水之地，受到皇帝和王公大臣以及各色达官贵人的青睐。辽金以来，历代皇帝在此修建行宫，香山、玉泉山是其代表。清代建起规模宏大的三山五园皇家园林区，成为北京政治文化中心的组成部分。今天，人们在设计西山永定河文化带时，将三山五园整体纳入到文化带中，三山五园成为文化带的龙头和核心。

三山五园是政务、园居和农事的结合。

第一，它体现出政务中心的功能，成为首都功能的组成部分。

第二，它是中国园林建筑的结晶和集大成者。象天法地，天人合一，崇尚自然，体现出中国文化的精神，有着很高的文化和艺术价值。它是当今中国传统园林文化的最高代表，向世界展示中国园林的杰出成就，是世界级的文化遗产，也是中国文化的金名片。

第三，农田与园林融合为一。三山五园的建设理念体现出以农为本的经世思想。正如《日下旧闻考》按语所言：畅春园、圆明园“实为勤政敕几、劭农观稼之所”，皇帝“惟以民依物候，雨旸农谷为务”。园林与农事结合，循览郊原、莅官治事与劭农观稼结合，把郊居、施政、指导农业合为一体，是清朝皇家园林的创举，它直接影响到园林及其周边的景观风貌。农田与园林融合为一，成为三山五园的一大景观特色。

第四，它是北京文化中心的重要组成部分。京城体现出的文化中心特征，同样在此体现出来。政府在此指导文化建设，也有大型文化工程落地于此。大量文人聚集于三山五园从事文化的活动，三山五园的戏曲活动也促进了戏曲的发展，三山五园是京师文化的承载者之一。

第五，在维护国家统一方面发挥重要作用。三山五园地区大量的园林景观、军事设施、藏式寺庙建筑体现出维护国家统一的用心，皇帝在此的诸多活动在稳定边疆、维护国家统一方面发挥了重要作用。

第六，三山五园地区的水稻种植、天文观测、水利建设、园林艺术等，都体现出对技术的追求，甚至包含了对科学的兴趣，是一个有创新精神的地方。

2.体现京师地域特征的宗教文化

常言道，天下名山僧占多，西山也不例外。僧人向往山地修行，又不愿意距京城太远，遂在西山建设道场。西山是北京寺庙最多的山地，在浅山区和山前地带，分布着大量寺庙。尤其是小西山地区，但凡有泉水的地方，几乎都有寺庙存在，且多呈现为群状分布。在这里聚集了许多与政府关系紧密的僧人，许多寺庙与皇亲国戚和太监关系密切。

今人认为，西山寺庙产生于东汉魏晋之时，辽金时期，因都城的建立而出现寺庙建设的高潮。明代是西山寺庙建设的高峰，大量寺庙伴随着太监坟茔的建设而兴建，明人有“西山三百七十寺，正德年中内臣做”的诗句。太监所建寺庙，常常是寺坟一体，前寺后坟。清代，则以皇家寺院建设最为耀眼，主要分布于小西山东麓一带。作为庙宇的进香朝拜，则以妙峰山最为有名，清代后期到民国时期，妙峰山的名声超过了京东的丫髻山，成为京城最大的宗教朝圣地，留下了众多深厚的民俗文化。1925年，顾颉刚先生在此从事了著名的妙峰山调查，为中国民俗学的形成做出了重要贡献。

西山寺庙的特点在于，一是历史悠久，二是延续时间长，三是著名寺院多，四是皇家寺庙多，五是与政府关系紧密，六是太监兴建寺庙多，七是进香活动规模大，八是成为京城最重要的山地游览胜地。它体现出京师的地域特性，成为京师文化的组成部分。

3.体现京师地域特征的墓葬文化

西山地区尤其是浅山区和山前平原，是墓葬聚集区，既有皇家墓区，如房山金代皇陵、明代皇家金山陵墓区、清代众多王坟的分布等，也有大量明清太监的坟茔和达官贵人的墓葬。西山大太监墓地多与寺庙为一体，生前即已开始建设，反映出太监对其归宿的安排。清代山前一带，还有大量旗人和官员的墓地，在山前地带形成一片片松柏林，在清晨或暮霭苍茫之时，露出幽暗昏冥的色调，成为本地区的一大景观特色。近代，三山五园禁地解体，西山更成为社会名流争相建坟立冢之地，大量名人墓冢汇聚于此，成为今天西山的文化景观。规格高、阶层广、体现京师人群特点，是西山墓葬的主要特征，同样是京师文化的组成部分。

4.北京城能源和物产的供应地

历史上，北京的取暖用煤主要产自西山，西山煤矿肇始于辽代，金代煤炭已在城市使用，金中都遗址中就有用煤遗迹。清代民国时期，城市取暖，煤炭占据了主要地位。西山煤矿支撑了京城能源的供应。西山还是北京石料的主要供应地，京城所用汉白玉、豆渣石、虎皮石、石灰等主要产自西山。

西山山前是著名京西稻的产地，体现出皇家农耕文化的特质。其稻田管理与园林建设同衙署，稻田灌溉与园林供水同系统，稻田景观与园林景观融一体，稻田耕作与园林园艺相比肩。今天，京西稻被评为全国农业文化遗产，与其上述特征关系密切。

5.近代科学传播和实验的场所

近代科学技术传入中国，北京西山成为实践的场所。从1867年美国地质学家调查西山地质起，到地质调查所开展西山地质调查，确立了西山在中国地质学科发展中的地位；20世纪早期，周口店北京猿人遗址考古，引入了西方的古人类研究方法，同时也显示出西山作为人类摇篮之一的地位；中法大学的农林实验场、鹫峰的近代地震监测台等相继出现，是在农林、地震监测研究方面的实践。西山也是近代工业技术的引进场所，石景山的制铁厂、长辛店的机车车辆厂是其代表。西山是近代科学研究和技术引进的重要场所。

此外，在人文社科方面，西山也是民俗学的实践场所。西山还见证了中外文化的交流，中法大学、法国人贝熙业大夫和诺贝尔文学奖获得者诗人圣琼佩斯都在此活动过，他们创造的业绩至今仍在中法文化的交流中传为佳话。

6.丰富的红色文化

中国共产党在西山建立了平西根据地，在清华大学和燕京大学建立了党的地下组织，开展革命活动，许多青年学子由西山奔赴革命根据地。1949年，中共中央进驻香山，为新中国的建立做好准备。

7.永定河文化带的特点

永定河被今人称之为母亲河，它供应了北京城的主要水源，是古代北京的命脉。永定河分为山区和平原两部分，流经山区的永定河其独立的文化特征并不明显，沿河的文化现象多表现为西山的文化。永定河出山后，于北京平原上逶迤前行，在为北京城的发展提供水源的同时，也带来了不小的灾害。人们由此开展了一次次大规模的水利建设，以变害为利，在这一过程中彰显出文化的特质。

1万年来，永定河在北京平原上留下多条故道，一条是古清河故道，它在距今1万年至距今5000年流经海淀地区，它的故道为三山五园提供了水源丰沛的理想环境，但它并不属于永定河文化带，因为永定河在此流淌时，人类还没有进入文明时代。

古高梁河是距今4000多年至距今约2000年的永定河故道，它流经紫竹院，以及北京的前后三海。北京城的前身——古代蓟城就是选址于古高梁河渡口上的城市，人们把永定河称之为北京的母亲河。今天，人们并没有把古高梁河看作是永定河文化带的组成部分，而是把他的故道划入北京老城或大运河文化带。曹魏时期，人们利用古高梁河上游故道修建车箱渠，引永定河水灌溉农田。金代，开金口河，引永定河水用于漕运和灌溉。这两条河把永定河与潮白河联系了起来，形成北京地区跨流域的水利工程。

金口河的下游河道在元代称为通惠河，今天属于大运河文化带的组成部分。它的中游已经淹没于北京城下，上游河道中由定慧寺西至玉渊潭的一段，被清代南旱河所利用，又成为今天的永定河引水渠。今天，人们在谈论文化带时，既没有把它纳入永定河文化带，也没有纳入大运河文化带，它被遗忘了。

一千多年来的永定河只在北京城南摆动，先后有㶟水、清泉河、无定河、永定河等诸多河道，大多分布于丰台、大兴、房山及其以南地区。元明清三代在永定河故道区内，修建起皇家狩猎的御苑，元代称飞放泊，明代称南海子，清代称南苑，民国年间开辟了大量农田。

平原区永定河文化带的重要内容是水利建设，永定河堤岸是北京地区最为宏大的堤岸设施，体现了人与自然抗争的顽强精神。明清时期，由于大规模的堤岸建设，迫使永定河的摆动点向下游转移，减轻了洪水对京城的威胁。同时，堤坝又使河床快速淤积，不得不增高堤岸。今天，在房山区南部永定河沿线，还可看到已经深埋地下的明代永定河大堤，像明代长城一样坚固的数米高的砖石大堤，最终被河沙所埋没。

永定河文化带的特点在于它在山区与西山文化为一体，体现出山地文化的特征；在平原区则以水利工程为主要特征，彰显出人们不屈不挠与洪水搏斗的精神。它的故道为园林建设、水稻种植奠定了环境基础，也是今天湿地建设的重要选址地。

（岳升阳系北京大学城市与环境学院教授）

颐和园『两规』修编综述

秦雷　孙震

一　“两规”修编背景

颐和园“两规”是指《颐和园文物保护规划》(以下简称“文规”)和《颐和园总体规划》(以下简称“总规”)。“两规”编制始于2006年，此时北京城市建设飞速发展，颐和园东、南、北以及西北侧高楼林立(图一、二)，原有田园风光逐渐消失，颐和园的天际轮廓线受到了破坏，有些隶属于颐和园甚至园墙以内的文物建筑被外单位占用，扩大旅游容量、增添服务设施的需要与加强文物本体保护之间的矛盾也日益突出。

为积极应对上述问题，提高文化遗产保护的真实性、完整性和延续性，颐和园在北京市公园管理中心的指导下开始了规划的编制工作。其中“文规”在2009年、“总规”在2010年分别完成编制并通过专家论证。2013年，“两规”进行了首次修编。

2017年，随着新版《北京城市总体规划》的颁布，以颐和园为代表的三山五园地区成为北京历史文化名城保护的两大重点区域之一。新版《北京城市总体规划》强调了西山永定河文化带、大运河文化带的概念，颐和园作为“三山五园”地区唯一一处世界文化遗产单位，成为两条文化带整体保护不可或缺的重要组成部分。在新形势下，颐和园重新启动了保护规划编制工作，对颐和园的新价值、新情况、新发展进行了梳理和总结，并提出了相应的规划办法。

本次修编对原“两规”进行了从宏观结构到微观内容的系统性修订，于2018年3月完成终稿，3月22日召开专家论证会并通过验收，7月11日获北京市公园管理中心办公会原则通过。

二　“两规”主要内容

颐和园“文规”和“总规”成果各包括

图一 颐和园西北面的军事科学院培训大楼

图二 新建宫门外紧挨园墙的一组建筑

四部分，分别为规划文本、规划图纸、规划说明和基础资料汇编。

其中“文规”主要是基于文物保护的专项规划，强调的是保护文物本体的完整性和真实性。内容主要包括文物专项评估、保护区划、功能区划、保护措施、文物本体保护、文物环境整治、展示规划、交通组织规划、基础设施规划等部分（图三）。

“总规”是城市总体规划的分支，强调的是文化遗产在利用时如何保护，偏重于“合理利用”，内容主要包括现存问题、战略规划、游客容量规划、用地规划、文物保护规划、植

世界文化遗产
全国重点文物保护单位
北京市颐和园文保规划
（2018 年—2035 年）

世界文化遗产
全国重点文物保护单位
北京市颐和园文保规划说明
（2018 年—2035 年）
2018 年 10 月

世界文化遗产
全国重点文物保护单位
北京市颐和园文保规划图册
（2018 年—2035 年）
2018 年 10 月

世界文化遗产
全国重点文物保护单位
北京市颐和园文保规划
研究报告及基础资料汇编
（2018 年—2035 年）
2018 年 10 月

图三 “文规”四部分内容

图四　北京市总体规划中的颐和园

物景观规划、建筑利用规划、道路铺装规划、游览环境规划、服务设施规划等部分。

三　本次修编主要修改内容

1.结合最新上位规划提升完善规划内容

结合《北京城市总体规划》（2016~2035年）、“三个文化带”保护建设规划、“三山五园”总体规划等，使规划修编后与北京市总体规划、区域规划相衔接。

（1）提高站位，完善价值评估及规划办法

颐和园在北京市总体规划中承担了重要的作用，是北京市三条文化带整体保护，尤其是西山永定河文化带和大运河文化带的保护不可或缺的组成部分（图四）。规划修编中对颐和园的价值定位增加“颐和园是具有国际影响力的国家符号，是服务国际交往的重要载体”，体现出颐和园在首都四个中心定位中的重要作用，并列为颐和园的重要职能。

（2）“两规”的规划期限与《北京城市总体规划》相接轨

近中期为2018～2025年，规划目标为持续进行文物、园林景观的维护、修

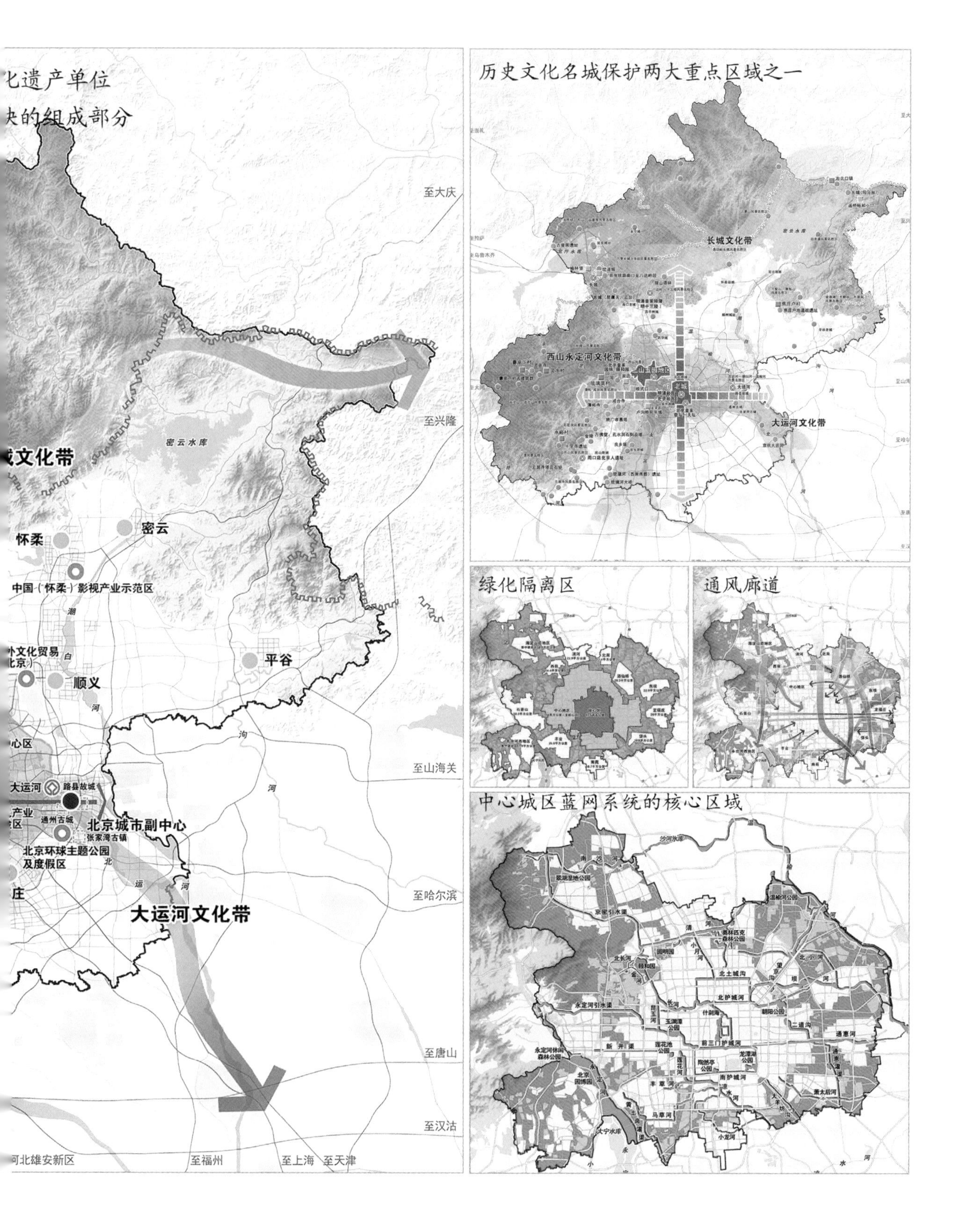

化遗产单位
块的组成部分
至大庆
至兴隆
密云水库
城文化带
怀柔
密云
中国（怀柔）影视产业示范区
外文化贸易
（北京）
顺义
平谷
至山海关
大运河
路县故城
北京城市副中心
通州古城
张家湾古镇
北京环球主题公园
及度假区
至哈尔滨
大运河文化带
至唐山
至汉沽
河北雄安新区
至福州
至上海
至天津
历史文化名城保护两大重点区域之一
长城文化带
西山永定河文化带
大运河文化带
绿化隔离区
通风廊道
中心城区蓝网系统的核心区域

表1　颐和园近中期（2018 ~ 2025）实施项目及其投资总表

编号	项目内容	投资估算（万元）	项目说明
1	专题研究	1200	包括园林植物研究、可移动文物研究、园林古建研究、园林历史研究、运河文化研究、专项规划研究等
2	遗产回收	72400	西宫门、銮仪卫、如意馆建筑群回收及相关规划，以及远期和远景规划中遗产回收的前期工作
3	遗产监测	3510	包括古建筑监测、古建筑遗址监测、建筑彩画监测、石刻、石雕类文物监测、露天陈设铜器监测、古树监测、环境监测、遗产监测平台维护等
4	古建筑、遗址保护与修缮	18940	包括西宫门、福荫轩、知春亭、画中游、景福阁等建筑或建筑群的修缮；须弥灵境建筑群遗址保护与修复；如意馆、銮仪卫建筑群的现状修整与局部修复；赅春园、绮望轩、看云起时遗址保护与展示
5	景观生态	2055	包括公园景观水体治理、古树名木养护管理、绿色公园无公害防治、景观树木防灾修剪（三期、四期）、万寿山植物调整等
6	展览展陈	1250	包括夜间游园及水上文化活动、颐和园霁清轩院落展示开放、颐和园与大运河专题展览、颐和园样式雷图档专题展以及其他专题展览
7	基础设施	3267	包括电子票务系统三期升级改造、高清监控及报警联网系统改造、综合管网改造工程、信息化建设、消防指挥中心建设、船只安全监控与定位、颐和园外大墙周界报警系统等
—	合计	102622	——

整，提升管理、研究水平（表1）；远期为2025～2035年，规划目标为建成保护良好、生态和谐、监测到位、保护管理研究水平国际一流的世界文化遗产；在此基础上，提出远景规划，目标为全面收回统一管理被外单位占用的文物建筑和颐和园的历史区域。

（3）结合两个文化带建设，重新梳理颐和园规划项目库

规划项目库共包括专题研究、遗产回收、遗产监测、古建筑遗址保护与修缮、景观生态、展览展陈、基础设施7大项，每一大项又包含若干子项目。

2.重新梳理发展颐和园目标定位

以皇家园林的历史价值为核心，提升颐和园的遗产价值，提出限流政策，将原规划定位中的“市民游憩”改为“市民游览”，淡化减弱游憩功能。颐和园承载了过多的市民游憩功能，与游客游览功能相重叠，使遗产不堪重负，对文物安全及游客安全都造成重大的隐患（图五）。

3.重新划定颐和园的保护范围

重新划定保护范围是此次修编工作的重点，划定的思路是既能体现颐和园的历史完整性和真实性，又具有可操作性，划定的依据主要包括颐和园的历史范围（图六），

图五 节日颐和园游览人满为患

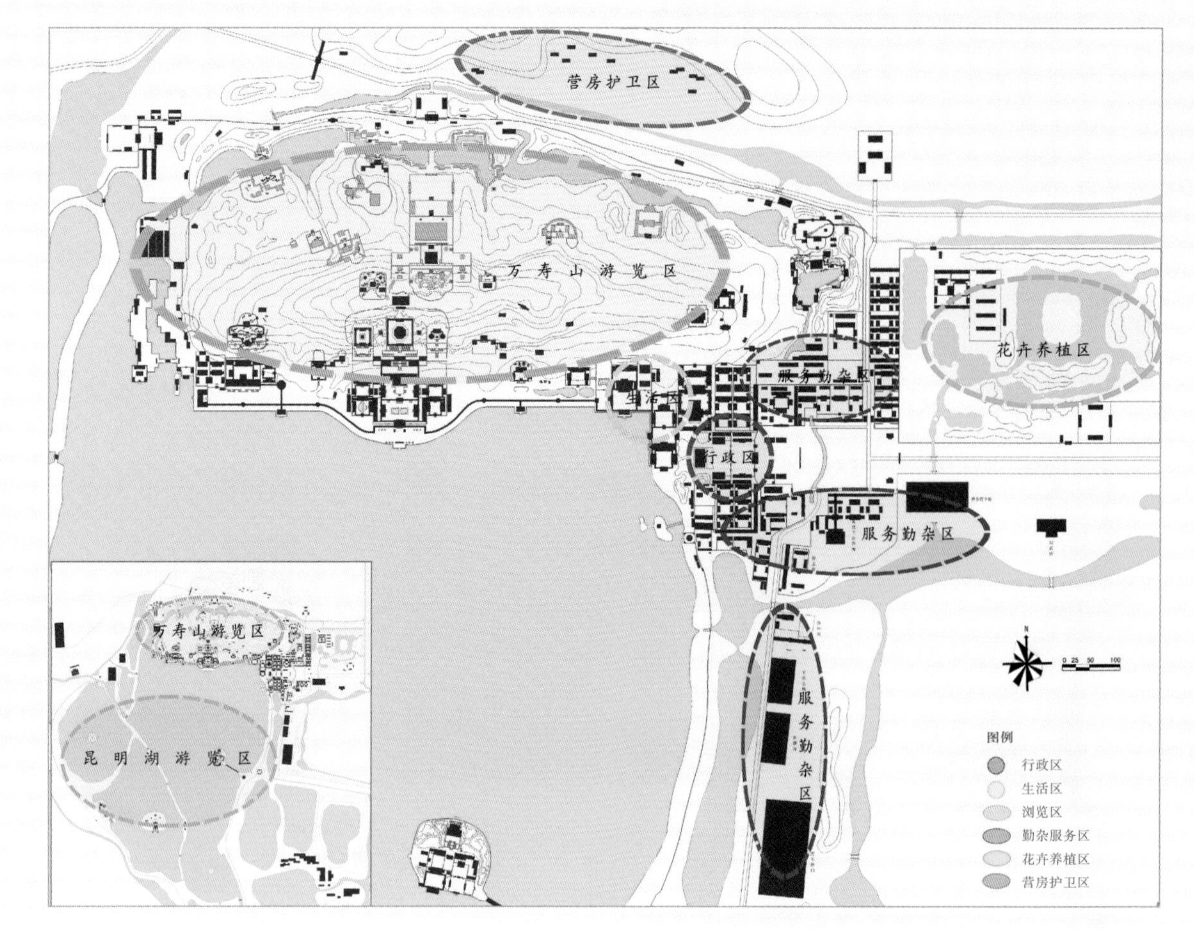

图六　颐和园的历史范围图

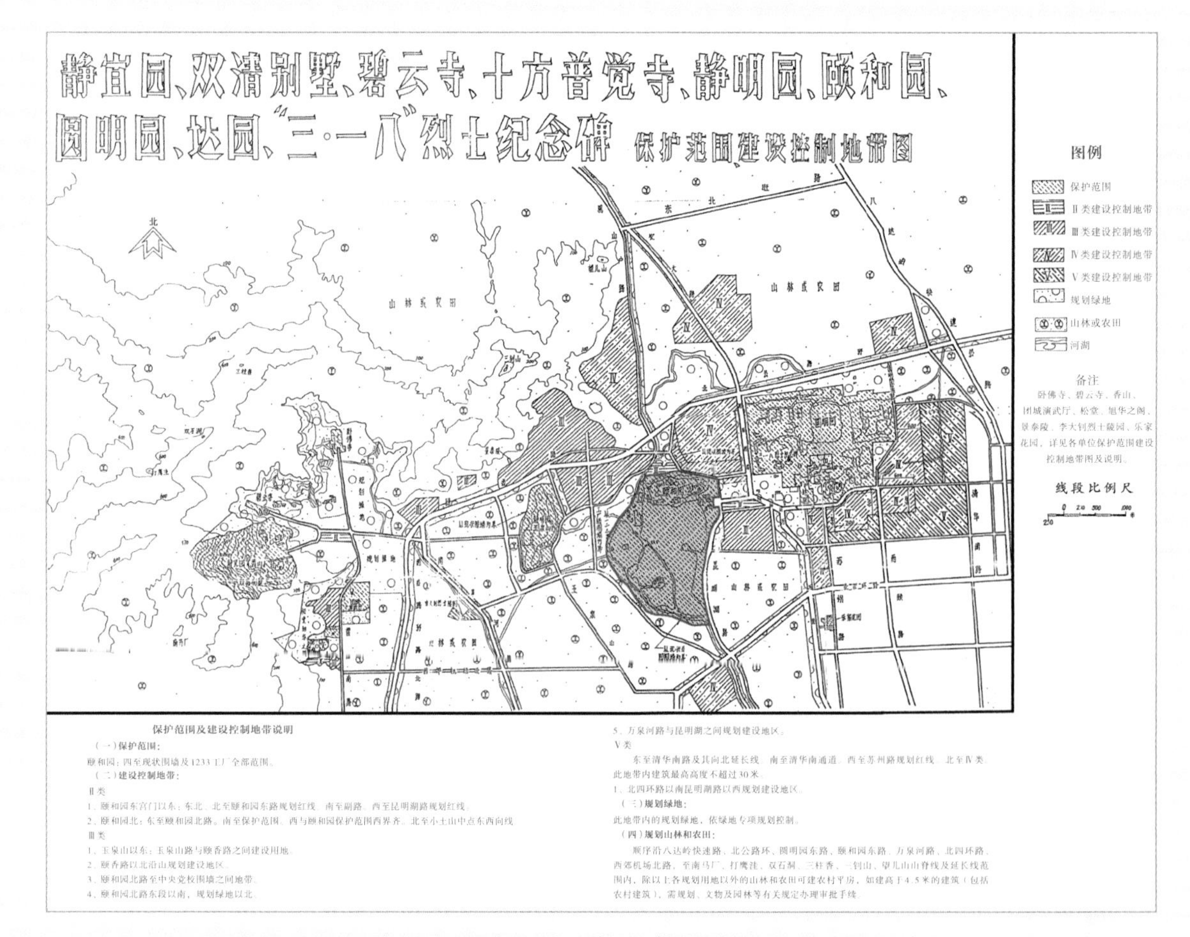

图七　1987年北京市文物局公布的颐和园等文保单位的保护范围及建设控制地带图

Summer Palace, an Imperial Garden in Beijing

图八 1998年颐和园申遗范围图

1987年北京市文物局公布的颐和园保护范围及建设控制地带图，以及申遗的划定范围（图七、八）。

新版规划划定的保护范围为314.6公顷，建设控制地带为1577.4公顷，景观协调区为3543.8公顷。保护范围比2013年的310公顷略有增加，主要增加面积为东宫门广场区域及其下方的外务部公所、军机处等区域（图九）。和上一版保护规划相同，在四至边界的划定上，出于防火、防盗、保护园墙等综合考虑，在西、南、北三面分别从大墙向外拓展3.5米为边界。

通过颐和园的现状管理范围（蓝色线）与规划范围（红色线）对比图，可以较为清楚地看到在规划范围内但管辖权不在颐和园的地块（图一〇）。

頤

和

京
黑山头
三昭山
天光寺山
III
I
旱
河
路
杏石口路
N
0 100 200 500
图例
保护范围
I 一类建控地带
II 二类建控地带
III 三类建控地带
IV 四类建控地带
V 五类建控地带
景观协调区

图九 颐和园"两规"中的颐和园保护范围、建设控制地带及景观协调区图

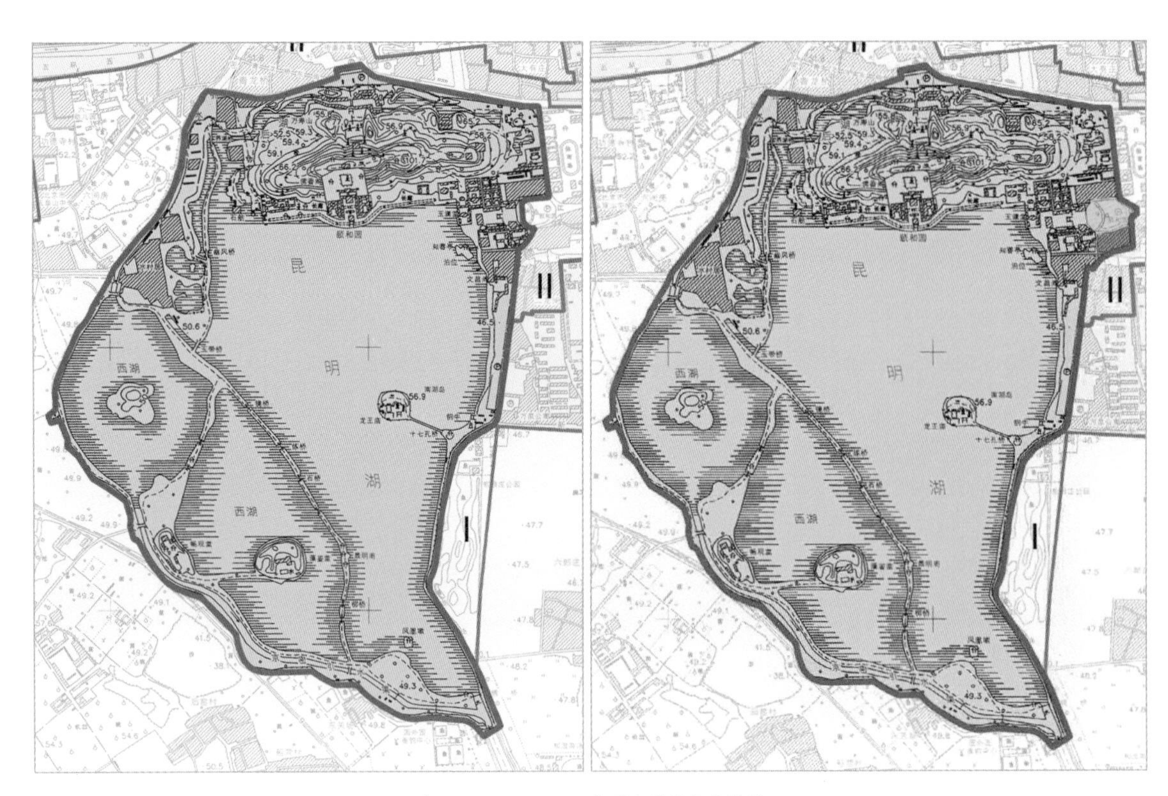

图一〇　2013、2018年颐和园保护范围图

保护范围之外是建设控制地带和景观协调区。建设控制地带分为五类，规划中对每一类建设控制地带包括建筑物的高度、体量、形式等都做了明确的要求和规定。景观协调区按五类建控地带管理规定执行。

4.修订完整性保护规划

完整性是世界文化遗产的重要基础和标志，新版规划重新梳理了颐和园保护范围内管理权或产权不在颐和园的地块（图一一），主要包括大他坦、銮仪卫、如意馆、军机处、东宫门外广场、荷花池、藻鉴堂、团城湖等，共计面积41.64公顷，占规划面积的13.2%（表2）。

东宫门外附属建筑的利用规划（图一二）。比如大他坦离东宫门比较近，收回后可以用作颐和园的政务接待服务场所，以便更好地发挥颐和园服务首都四个中心定位的功能。

在完整性恢复分期规划的制订上充分考虑回收的难易程度，根据实际情况制定具有可操作性的回收规划：

一是将东宫门外广场列入近中期回收规划；二是将颐和园拥有土地所有权和房产证的如意馆、銮仪卫列入近中期回收规划；

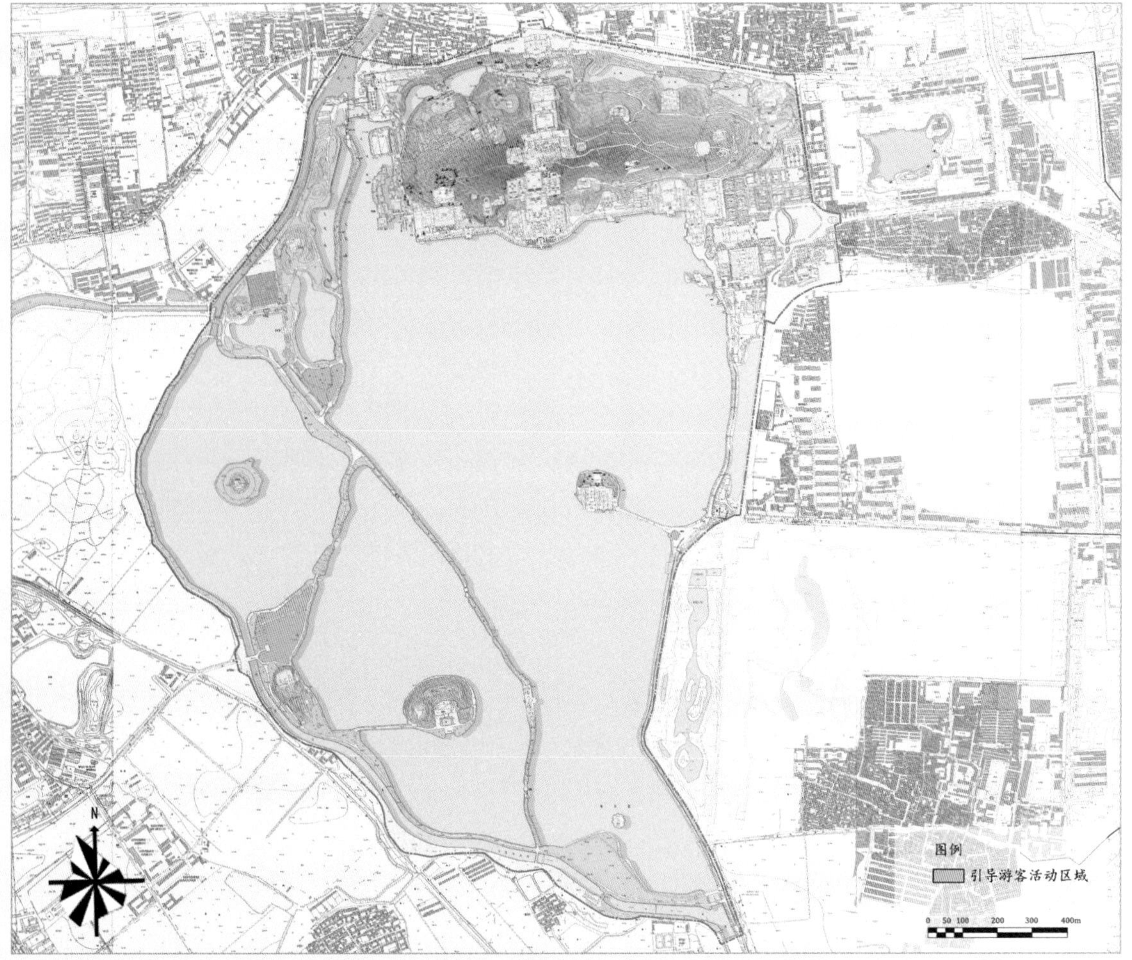

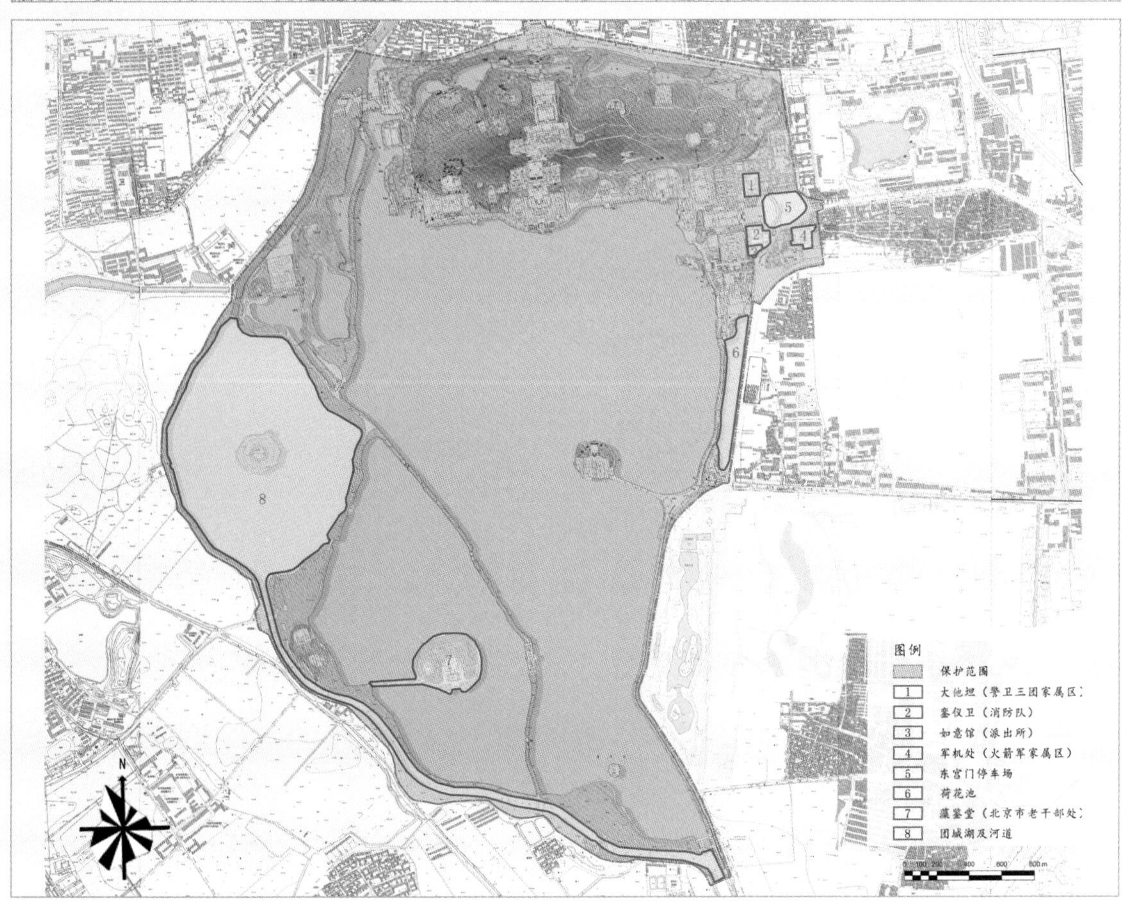

图一一　颐和园保护范围内管理权或产权不在颐和园的地块示意图

表2　颐和园保护范围内管理权或产权不在颐和园的地块统计及规划表

名称	位置	面积（公顷）	现状	管理规划
大他坦	东宫门外乾清侍卫房以北、东八所以南16号院	0.33	现为警卫三团家属区。历史格局相对完整，私搭乱建现象严重，无保护级别	近中期规划：加强该处建筑和环境的监测。远期规划：完成收回，并整治文物建筑与环境，使之与颐和园的历史环境相协调，作为政务接待或服务游客区域
銮仪卫	文昌院以东地段	0.28	现为颐和园消防中队，建筑格局受到了干扰	近中期规划：完成收回，并整治文物建筑与环境，使之与颐和园的历史环境相协调，作为文化研究或文化展示区域
如意馆	文昌院以东地段	0.11	现为颐和园派出所，建筑格局受到了干扰	近中期规划：完成收回，并整治文物建筑与环境，使之与颐和园的历史环境相协调，作为文化研究或文化展示区域
军机处	外务部公所以东	0.25	现为火箭军家属区，私搭乱建现象严重	近中期规划：加强该处建筑和环境的监测。远期规划：完成收回，并整治文物建筑与环境，使之与颐和园的历史环境相协调，作为游客服务或文化研究区域
东宫门外广场	东宫门外广场	1.4	北京市公交集团占用，作为公交场站及社会停车场	近中期规划：迁出公交场站，改造成具有游客服务和游客疏散功能的广场
荷花池	文昌院东墙外	2	符合历史功能，但产权尚在海淀镇六郎庄村	近中期规划：加强管理与监测，提升植物景观。远期规划：收回所有权，恢复颐和园完整性
藻鉴堂	藻鉴堂	2.87	文物建筑被拆除	近中期规划：加强监督，控制与颐和园历史风貌不符的建设活动。远景规划：收回管理权，进行复原研究，恢复颐和园时期历史旧貌
团城湖及河道	团城湖及颐和园南墙河道	34.4	作为南水北调蓄水池，并加上围栏，与颐和园景观分离	近中期规划：加强保护监测，对团城湖中的治镜阁遗址进行清理保护。远景规划：腾退团城湖作为南水北调蓄水池，收回其水域管理权，恢复其游客参观功能
合计		41.64		

图一二　东宫门外附属建筑利用规划图

三是将军队占用回收难度较大的军机处、大他坦列入远期回收规划；四是将保护范围之内的，且回收难度较大的藻鉴堂列入远景回收规划；五是将在保护范围之外的，且收回难度较大的升平署、养花园、洋船坞列入远景回收规划（图一三）。

5. 重新修订门区和外部交通组织规划

与区域规划对接，重点对颐和园各门区广场、周边区域、停车场等制定了切实可行的规划（图一四）。规划中对东宫门、西宫门、新建宫门等门区提出具体的规划建议。

（1）东宫门区

将公交车站迁至西苑交通枢纽，将涵虚牌坊以西及同庆街改为步行游览区。将东宫门外广场作为游客集散广场。利用广场两侧的回收建筑作为售票与游客服务场所，并开办颐和园历史文化展陈活动。完善基础服务设施。

（2）北宫门区

对颐和园北宫门周边环境进行治理，迁出两侧停车场，恢复砂山。将割裂北宫门与门前影壁的北宫门路北移至影壁后，建议将该路改为步行道（保留消防通道功能）。

（3）新建宫门

恢复南朝房，修建符合游览规定的门前广场。新建宫门外公交停车场改为社会停车场，仅设置公交站点。

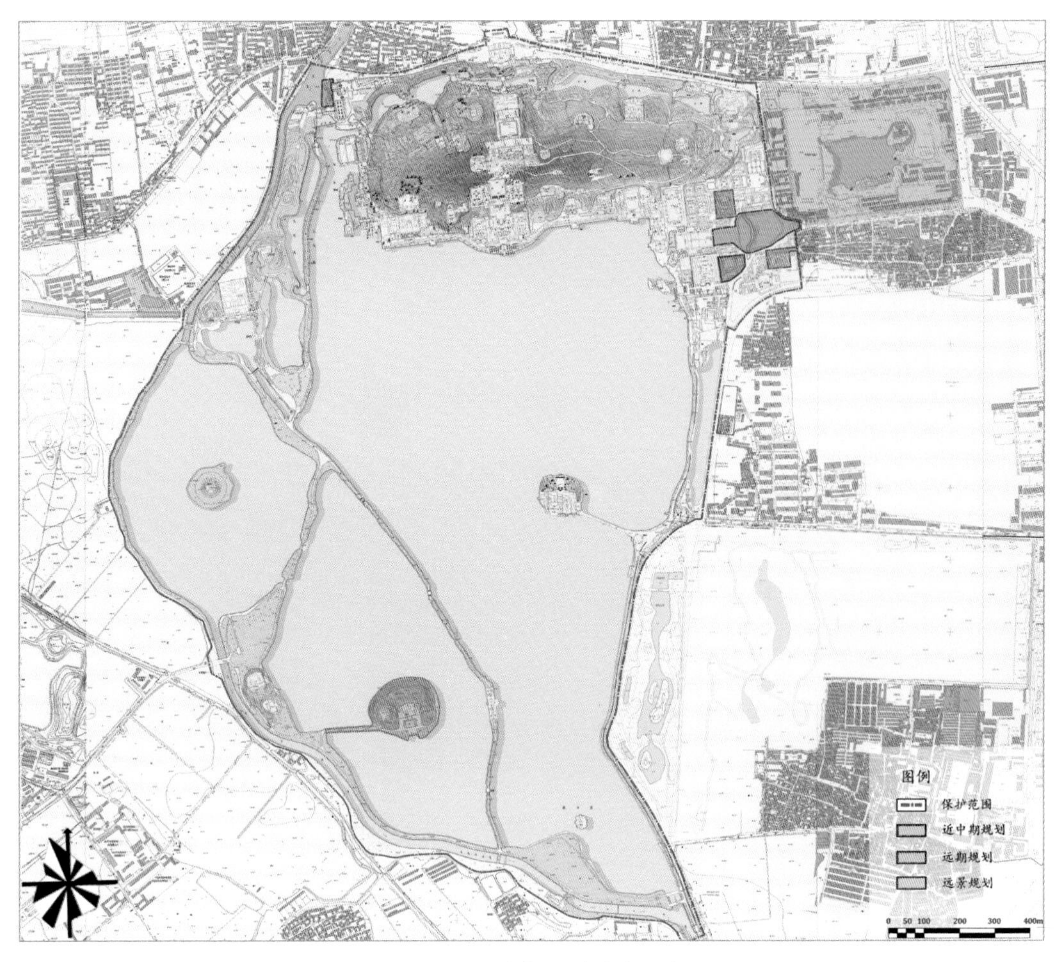

图一三　颐和园完整性恢复分期规划图

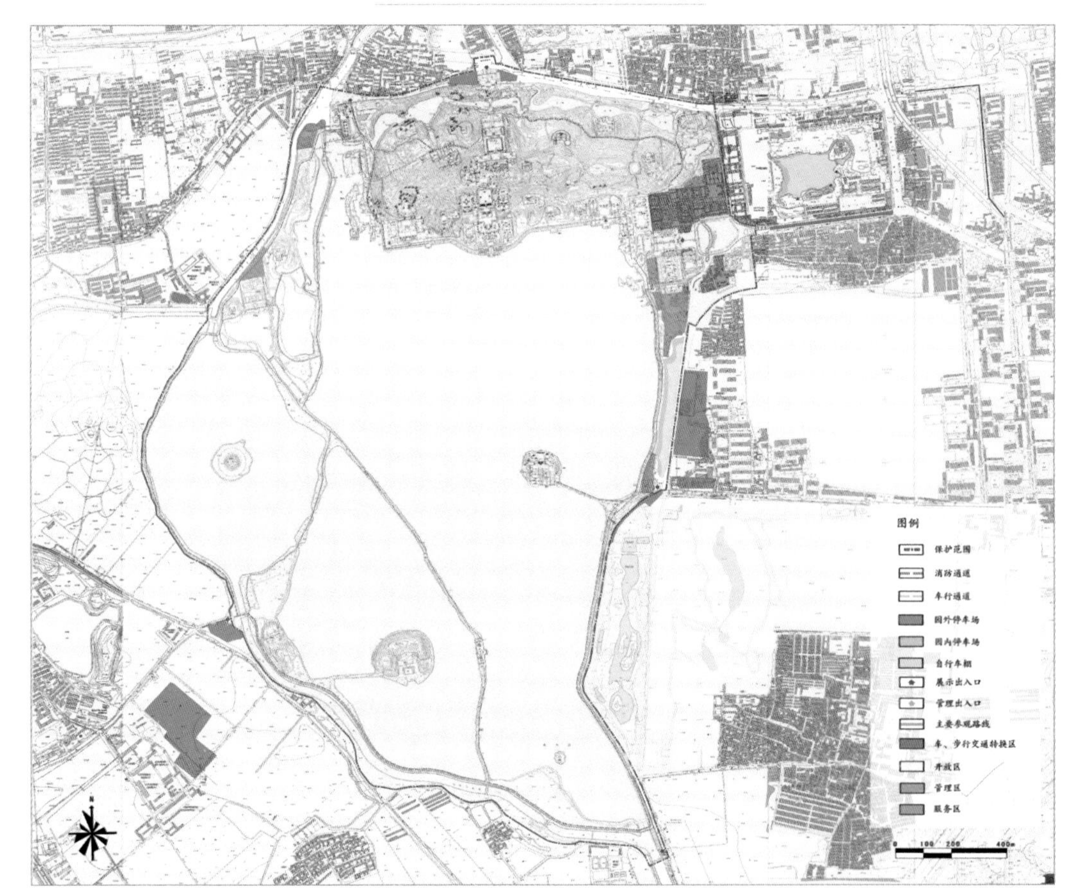

图一四　颐和园交通组织规划图

（4）西宫门

整治环境，重新开放，取代北如意门，停车场纳入北如意门地块一并考虑。实施西宫门搬迁腾退与古建筑修缮，恢复历史形制。修建门区疏散广场，建立售票处、公共厕所、商店等服务设施。

（5）北如意门

待西宫门整治完成重新开放后，改为消防出入口。

（6）西门

开辟西门外广场，增添城市公交线路，建立颐和园游客接待中心，配套市政上下水电等基础设施及餐饮、旅游商品等服务用房，完善卫生间等服务设施。

（7）南如意门

建议修复南如意门外牌楼，需结合城市规划调整门外公交车站设置。

6. 重新梳理颐和园的功能区划

将颐和园分为开放区和管理区，两者比例为98：2。管理区相对集中，主要集中在苇场门文物库馆二期区域、清外务部公所区域、颐

表3　颐和园功能区划表

功能区划	功能内容	名称	面积（公顷）	合计（公顷）	所占比例
开放区	游览区		240.15	240.15	76.3%
	服务区	东宫门区	0.06	0.39	0.12%
		新建宫门区	0.13		
		西门区	0.2		
	生态保护区	团城湖、藻鉴堂湖	66.9	66.9	21.3%
管理区	苇场门区域		1.45	7.16	2.28%
	新建宫门北		0.33		
	西北垃圾站		0.37		
	耕织图北		0.42		
	外务部公所		1.49		
	颐和园宾馆区（包括大他坦）		3.1		
合计			314.6	314.6	100%

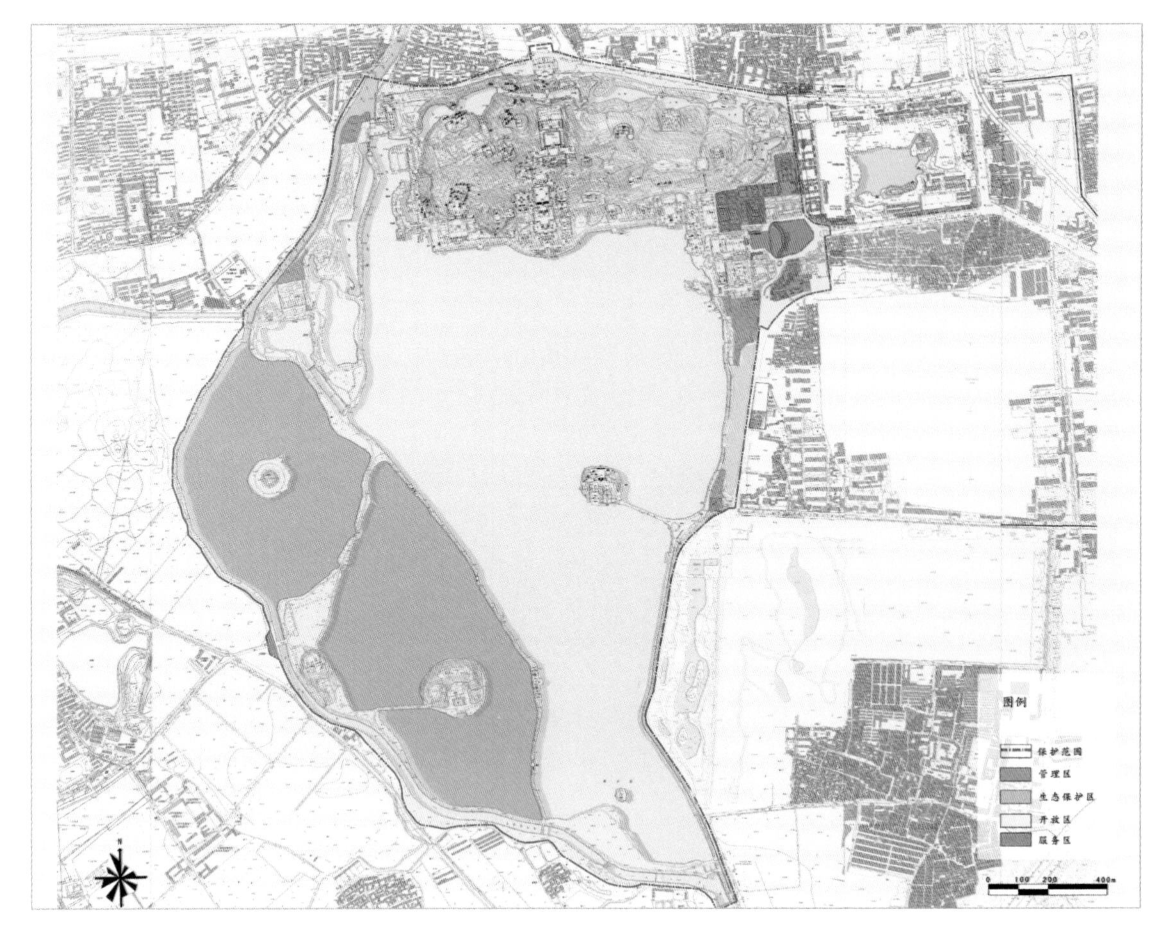

图一五 颐和园功能区划图

和安曼区域和运河南岸区域。减少基础设施用房占用文物建筑的比例，逐步进行占用、租用园内文物建筑的腾迁工作，商业服务用房集中到东侧园墙附近（图一五；表3）。

7. 修订游客容量规划

依据《公园设计规范GB 51192-2016》颐和园每日游人容量应在4.2万～6.1万人。结合国家旅游局制定的《景区最大承载量核定导则》以及颐和园近年来的接待经验，每日最大承载量约为12万人。瞬时最大承载量约为5万人。目前，节假日高峰期颐和园接待人数超过最大承载量，对遗产的保护造成很大压力。

在游客容量规划中，制定近中期和远期目标。在近中期阶段，将日最高接待游客量控制在约12万人，远期可通过控制年票、实名制预约全网售票等手段，将日接待游客量调整到12万人以下。同时，以申遗承诺为依据，提出以文昌阁和半壁桥为界，分为游客展示区和游览区，将游客参观和游憩功能做空间分割（图一六）。

制订游客活动区域调整规划，引导本地游客活动区域向西南部转移。

8. 全面进行基础数据核对，保证数据的准确性和统一性

（1）对园内文物建筑面积和利用情况、山石、水体、古树、道路、交通、游览路线、旅游设施、基础设施、游客流量、生态环境、噪声等进行重新调研和梳理（图一七）。

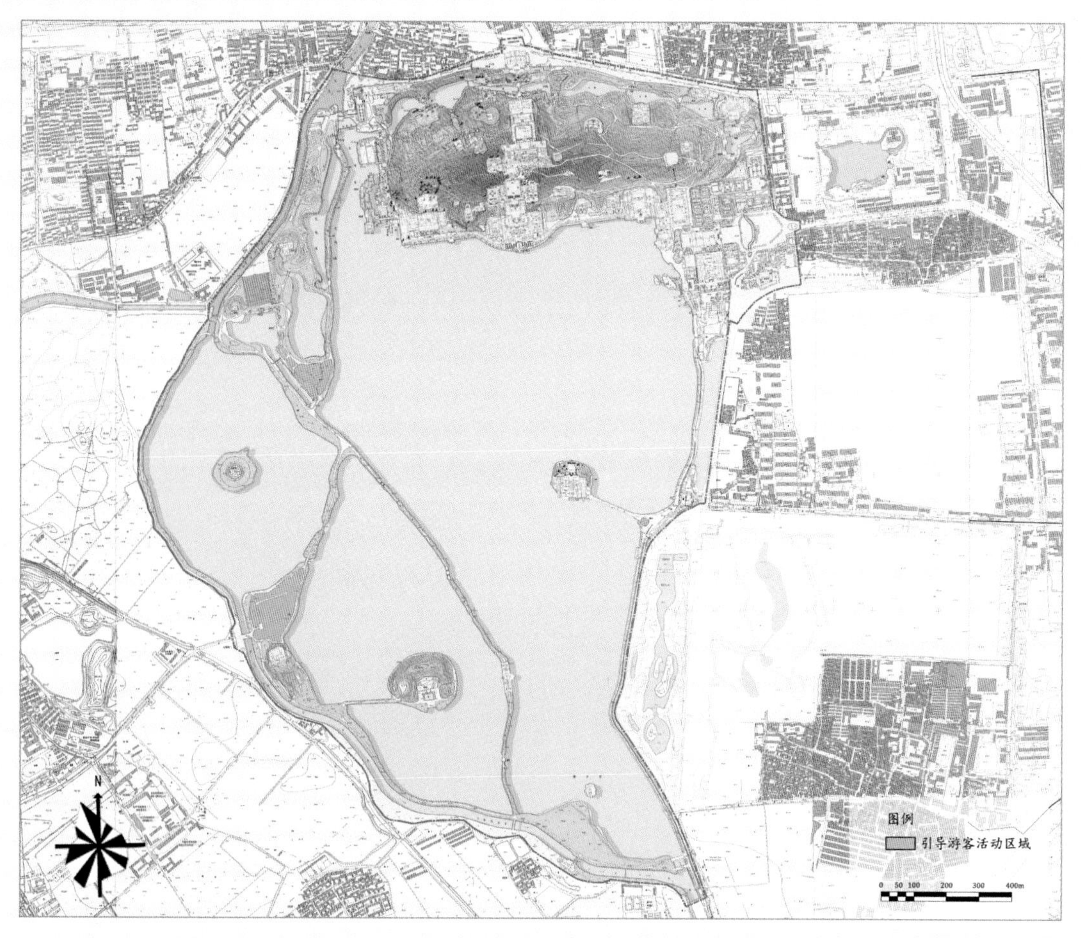

图一六　颐和园游客活动区图调整规划

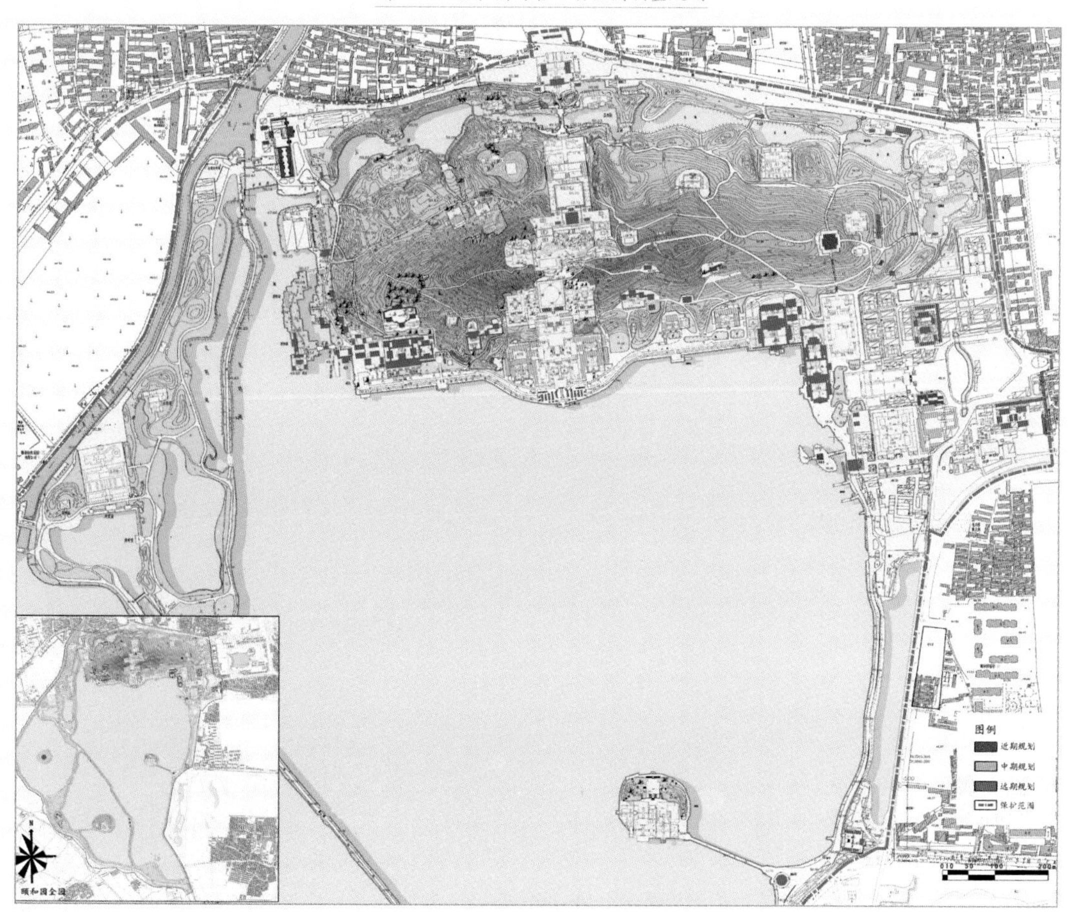

图一七　颐和园文物建筑修缮分期规划图

（2）统一文物建筑认定标准，统一面积、间数计算原则和特殊建筑处理方法，完成《文物建筑统计表》和《非文物建筑统计表》的更新。

（3）对园外周边文物分布、周边公共交通情况、周边环境等重新调研梳理。

9.其他新增、调整的重要规划内容

（1）补充近年来已完成或进行中的重大事项，如APEC接待、冰上活动、夜间游园、文创研发等。

（2）补充、修订未来重要规划，将其充实到规划项目库。一是开展文物库馆二期建设，有计划地进行环境整治与考古勘测后，按历史格局逐步改造成与颐和园历史风貌相吻合的文物保护修复中心。二是明确遗址复建原则，提出对部分和颐和园景观创作意向密切相关以及目前有文物遗存亟须遮蔽保护的遗址依法进行复原。三是成立颐和园研究院，四是提出彻底整治清理非文物建筑，拆除不符合规划要求的非文物建筑。五是修订建筑利用规划，重新规划展示、服务、管理、库藏用房，并提出规划要求。六是修订植物景观规划，注重研究植物与建筑、遗址的关系，保持合理间距；保留东堤园墙附近高大乔木保持遮挡城市不良景观的功能，但逐步更换不符合皇家园林意境的树种（毛白杨）。七是修订文物建筑展示规划和文物建筑修缮分期规划等。

10.编制专项详细规划

为深化和完善保护措施，提出编制颐和园周边环境整治规划、遗址保护与展示规划、植物景观规划、水生植物景观规划、安全防范系统详细规划、综合管网调整详细规划、可移动文物保护利用规划、古建筑保护修缮规划、文物库馆二期工程规划、信息化建设规划、商业发展规划、旅游总体规划。

11.对城市规划的建议的补充

（1）提出昆明湖参与北京城市水利循环，腾退团城湖作为南水北调蓄水调节池，恢复其遗产参观功能。

（2）积极推动颐和园保护的专项立法，如《颐和园保护条例》。

（3）提出对颐和园周边“园外园”规划建设，严格执行颐和园周边建控地带要求。并通过优美的环境、完备的服务设施，有组织的转移颐和园的游憩者，缓解颐和园文物本体的保护压力。

结　语

习近平总书记多次强调，考察一个城市首先看规划，规划科学是最大的效益，规划失误是最大的浪费，规划折腾是最大的忌讳。规划大到对一个城市，小到对一个遗产单位都是最为重要的指引和方向。通过不懈努力，颐和园基本完成此次修编任务，也希望新版规划能尽快通过相关职能部门的审批，真正成为保护颐和园历史文化遗产的重要依据和指引颐和园建设发展的重要纲领。

（秦雷系北京颐和园副园长、副研究员；孙震系北京颐和园园林科技部副主任、高级工程师）

香山引水工程面面观

兼论香山静宜园、碧云寺景观的审美历史沿革

樊志斌

一　乾隆二十年碧云寺、樱桃沟至玉泉山静明园引水石渠

鉴于玉泉山静明园西部景区平旷缺水无法造景的现实，乾隆二十年（1755年），清政府以石槽引寿安山樱桃沟泉水、香山碧云寺双清泉水入玉泉山西门，在西门内北侧形成挂瀑檐、飞淙阁等景点（涵漪斋景区内），在西门内东侧形成涵漪湖景区，并引水过东岳庙，连通溪田课耕，合玉泉水之一支，出南水关。《日下旧闻考》卷一百一《郊垧西十一》载：

> 西山泉脉随地涌现，其因势顺导，流注御苑，以汇于昆明湖者，不惟疏派玉泉已也，其自西北来者尚有二源：一出于十方普觉寺旁之水源头，一出于碧云寺内石泉，皆凿石为槽以通水道……

> 兹流逶迤曲赴至四王府之广润庙内，汇入石池，复由池内引而东行，于土峰上置槽，经普通、香露、妙喜诸寺夹垣之上，然后入静明园，为涵漪斋、练影堂诸胜[1]。

石槽沿山势蜿蜒而下，途中地势差别

图一　碧云寺、卓锡泉及龙王庙

极大处，于低处设石池蓄水；地势起伏处，则架石墙，上置石槽，以便保持一定范围内的水位高度 —— 石墙沿着河滩外侧而行。

可以说，引樱桃沟、香山泉水至玉泉山工程不仅为香山地区增加了一道景观，也确立了玉泉山西部景观的基本结构和特点。

如果说，北路樱桃沟引水石渠更侧重实际引水功能的话，南路香山引水石渠则更加关照静宜园、碧云寺造景的需要。

二　明代香山碧云寺引水工程及其寺庙、景观营造

虽然《日下旧闻考》称南路水系来自“碧云寺内石泉”，但实际上，香山引水石渠却又分为东西两路。古人行文简单，基本记述大概而已。东路出松坞云庄双清泉，西路水源即《日下旧闻考》中所谓的“碧云寺内石泉”水系。

石泉，即卓锡泉，位于碧云寺主轴线北碧云寺行宫最西处，出乱石中，故名，又传僧人卓锡（立锡杖）而出泉，一名卓锡泉（图一）。

就目前资料看，卓锡泉的开发始于明代。

明代正德年间，御马监于经管理碧云寺，准备为自己在寺后营建墓穴，碧云寺由此开始规模宏大，并有引水工程的设置。《日下旧闻考》引万历间蒋一葵《长安客话》云：

> 碧云寺，壮丽与香山相伯仲……殿前甃石为池，深丈许，水引自寺后，石罅出，喷薄入小渠，人以卓锡名之。寺僧导之，过斋厨，绕长廊，出殿两庑，左右折，复汇于殿前石池，金鲫千头，上尝临观焉。

于经似在卓锡泉区域有所营建 —— 盖为其出宫后闲居之地，万历皇帝曾游，并为题“水田一色”。清初孙承泽《天府广记》载：

> 泉旁一柳有大瘿，人呼瘿柳，柳左堂三楹，万历御题“水天一色”，前临河沼，沼南修竹成林，岩下一亭曰“啸云”。

明嘉靖四十一年（1562年）进士、万历间国子祭酒余有丁（1526～1584年）《余文敏集》具体阐明石渠走向云：

> 碧云寺泉从山西壁螭首口中吐出，去渠尺许，微有飞沫，时雨初过，淙淙若琴筑，下注于渠。渠绕亭后，折而东南，又折而北；渠广尺余，越数步，设一闸亭；前有沼，可一亩，渠水注之，亦由螭口出；迤东南注垣下，过香积厨，又西南注殿前沼。

可见，于经修整后的碧云寺，已经引碧云寺北侧卓锡泉水，先绕亭后，东为水池，复入碧云寺，过香积厨（厨房）、长廊、三世佛殿（图二），注入三世佛殿前的放生池。这时碧云寺的引水工程与乾隆时代已无大异了——乾隆时，于泉后设龙王庙，石渠统一为豆渣石。

至于放生池水的去向，《长安可游记》有相应记录，云：“钟楼西石刻蛟形，泉从口涌，泠泠泻沟中，出寺而纳于涧。”这一点是与清代绝大不同者。至于碧云寺引水工程，明代弘治乙丑（1505年）进士陆深《俨山集》中有《碧云寺观泉作》，描写生动，云：

> 堂辟白玉前，寺到碧峰下。
> 石幢插渚波，贝叶翻般若。
> 循除决清泉，此境极潇洒。

图二 碧云寺引水石渠

琤琮金佩传，宛转玉绳泻。
细怀川上心，临流叹不舍。
曾闻貂珰雄，挥金事游冶。
高台相掩映，松篁杂梧槚。
似识舟壑安，宁知蕉鹿假。
止观等殷鉴，洗酌泛周斝。

明熹宗时，司礼监秉笔太监魏忠贤复加营建，碧云寺越发壮丽。

三　清代香山的水利工程

（一）康熙间香山工程

康熙十六年（1677年），皇帝有香山之游，曾驻跸碧云寺。于香山寺东侧、学古堂附近建香山行宫——《嘉庆一统志》云："香山行宫在静宜园内，康熙十六年修"。

此次，御题香山寺、洪光寺、来青轩、璎珞岩敞厅等景观，并作《驻跸碧云寺》《来青轩临眺》等七首。

璎珞岩位于香山寺东，"其上厅宇三楹，为绿筠深处。"[2]《日下旧闻考》诸臣称："璎珞岩为二十八景之一，绿筠深处额，圣祖御书。"

圣祖，称康熙皇帝也。绿筠，绿竹。南朝梁江淹《灵丘竹赋》："于是绿筠绕岫，翠篁绵岭。"明刘基《寄题升元观绿筠轩》诗中写道："带郭轩楹暎绿筠，八窗潇洒总宜人。"

竹于北京地区难以成活，惟傍泉水而生。想此时此处当有水脉流过。璎珞岩水来自其东南处的双清泉水——过知乐濠至此。明人王恽《题香山寺诗》云："一泓湛碧浮僧钵，几叶秋黄打石阑。"李梦阳《香山寺》云："有泉如线缕，盘转出松稍。"想是明中叶双清水已经开发。

（二）乾隆十年至十一年静宜园工程与香山水利

乾隆八年（1743年），乾隆皇帝第一次登临香山。九年成立香山工程处。十年七月，开始香山园林的建造；至十一年正月，赐名静宜园，三月，初期工程完毕。

静宜园二十八景中，栖云楼、知乐濠俱在列，而双清泉、璎珞岩（图三）俱在二景附近。乾隆十一年，乾隆皇帝有《御制璎珞岩》诗：

横云馆之东，有泉侧出岩穴中，叠石如扆，泉漫流其间，倾者如注，散者如滴、如连珠、如缀旒，泛洒如雨，飞溅如雹，萦委翠壁，淙淙众响，如奏水乐。颜其亭曰"清音"，岩曰"璎珞"。亭之胜以耳受，岩之胜与目谋，澡濯神明，斯为最矣。

滴滴更潺潺，琴音大地间。
东阳原有乐，月面却无山。
忘耳听云梵，栖心挹黛鬟。
饮光如悟此，不复破微颜。

璎珞岩水来自其西南侧的双清泉（图四）。双清即双井。《静宜园册》云："驯鹿坡迤西有龙王庙，下为双井，其上为蟾蜍峰。"乾隆十一年御制《栖云楼听瀑布水，拟杜牧三韵体》：

我爱栖云楼，频来有句留。
两山当户辟，一水绕阶流。
如如色里智者乐，虢虢声中太古秋。

图三　静宜园璎珞岩及清音亭

双清水下注松坞云庄（今双清别墅）水池内（图五），然后外流至香山寺外的知乐濠内。《日下旧闻考》诸臣按语云：

> 双井水东北注松坞云庄池内，入知乐濠，由清音亭，过带水屏山，绕出园门外，是为南源之水。

乾隆十一年，御制《知乐濠》诗云：

> 山涧曲流湍急，停蓄处苔藻摇曳，轻倏游泳，如行空中，生

图四　乾隆题“双清”二字

图五　双清别墅内水池

物以得所为乐，涧溪沼沚与江湖等耳，知其乐随在，可作濠梁观。

淙淙鸣曲注，然否是濠梁。
得趣知鱼乐，忘机狎鸟翔。
喚喝云雾上，泼刺栢松傍。
寄语拘墟者，来兹悟达庄。

又，璎珞岩水顺山下流，顺山势下（东）行，过石桥（或石垣）至勤政殿前月池。如此，则南路水利造作于乾隆十年间，纯粹为静宜园造松坞云庄、璎珞岩、带水屏山、勤政殿前月池、东宫门外大水池等造景方便而为。

三　乾隆二十年及以后香山水利兴修情况

1.乾隆二十年香山水利工程

乾隆二十年（1755年），为兴造玉泉山静明园西部景区用水需要，清政府引碧云寺水、双清水，出静宜园东宫门，入东宫门外水池，复以墙垣上石槽引而东行，至四王府龙王庙，与樱桃沟水合，再逶迤至玉泉山西宫门内。

此次工程，对香山水系再次有所整理：北路以石槽引碧云寺三世佛殿前放生池水南流，经石垣，过碧云寺南侧山涧，置槽山峦上南流，架石垣（或石桥）过山涧，至正凝堂建筑群之见心斋水池中（图六），复过山涧，至致远斋及勤政殿前月池（图七）。致远斋建于乾隆十三年（1736年），位于勤政殿西北处，为皇帝处理政务休憩之地。

《日下旧闻考》引《静宜园册》载："宫门内为勤政殿……殿前为月河。"《旧闻考》诸臣云："月河源出碧云寺内，注正凝堂池中，复经致远斋而南，由殿右岩隙喷注，流绕墀前。"

至于碧云寺行宫建筑分布情况，《静宜园册》载："碧云寺北为涵碧斋，后为云容水态、为洗心亭，又后为试泉悦性山房。"由

图六　见心斋

其名称，可见泉水在其中扮演的角色。

各建筑的题额也反映了这一点，《日下旧闻考》诸臣云：“涵碧斋内额曰‘活泼天机’，试泉悦性山房檐额曰‘境与心远’，后檐额曰‘澄华’，是为泉水发源处。”乾隆二十年，皇帝有《洗心亭》诗，云：“水周八面澈，竹护四邻深。”

2. 乾隆二十年以后香山水利工程

图七　勤政殿前水池

乾隆二十七年（1746年），建造带水屏山景区（图八），分璎珞岩下行数十米处水南折。《静宜园册》载：“带水屏山门宇三楹，南向，西为对瀑，北为怀风楼。”

《日下旧闻考》诸臣按语云：“带水屏山瀑，泉自双井迤逦东注，至是汇为池，双井详后。”

乾隆三十二年《御制对瀑诗》：

到处多吟对瀑诗，不同境亦各殊时。
抑予别有会心者，迅水光阴阅若斯。

见心斋位于静宜园外垣东北处，主建筑为正凝堂。乾隆三十四年《御制题正凝堂诗》云：

一片波当面，堪称正色凝。
山池弗易致，云气以时兴。
阶影涵空暎，岸痕过雨增。
垂堂虽不坐，对镜若同澄。

见心斋南侧的宗镜大昭之庙，简称昭庙，系为接待六世班禅来京修建，开工于乾隆四十二年（1777年），四十四年完竣。

图八　带水屏山景区

见心斋水南流，过山洞，过昭庙前，入勤政殿前月池，乾隆四十二年，为营造昭庙，将昭庙前引水石槽改为露明水渠。过此，复以石槽引水过致远斋、至勤政殿前月池。可见，香山水利工程施工的分期与复杂。

四　香山引水工程的长度与结构

（一）香山引水石渠的长度

关于香山引水石渠的长度，张宝章先生引同治样式雷修缮工程档案云：“静宜园外月牙河到静宜园北墙石渠全长232丈，其中，露明石渠123丈，暗渠109丈；静宜园北墙到碧云寺卓锡泉石渠长211丈，总计443丈；双清至静宜园宫门外月河石槽长240丈，其中，露明水渠50丈。”则香山范围内（含静宜园、碧云寺）引水石渠共683丈。

按照清代1丈等于10尺，1尺为32厘米计算，则香山范围内引水石渠共计2185.6米。其中，碧云寺到静宜园外月池引水石渠1417.6米，双清泉水至静宜园外月池768米。

（二）香山引水工程的结构

香山范围内引水石渠基本置于山体上，故其结构比较简单。引水石槽，一名“引水石沟”，以豆渣石（黄色花岗岩，产山后凤凰岭一带）打就，因底部呈荷叶弯曲状，又名“荷叶沟”，是输送泉水的管道。

香山引水石渠内径25厘米，外径52～56厘米，槽深19厘米，与北京植物园内清乾隆时期的引水石渠一般无二；长度则显得比较随意，按照采石方便截取，或五六十厘米，或一百五六十厘米，甚至有二百五六十厘米者（图九）。

按，香山范围内引水石槽皆嵌于地下，无法测量通高，如今所知，裸露在外面的单体石槽有四：一位于曹雪芹纪念馆西侧，一位于北京植物园展览温室西侧苗圃，一位于香山村果树地中，一位于中国军事科学院内。经观察测量，石渠接缝处以上下榫连接，榫壁厚5厘米。

石瓦，一名“沟盖”，盖在石渠上。香山部分景区的石渠为露明石渠，目的是形成流水潺潺、水声泠泠的造景效果。为防止泉水污染和淤塞，上覆石瓦，以石头打制而成，有两种形制：长方形条石状和上面造成弧状的“兀脊顶”状（图一〇；下表）。

表　石槽上石瓦的规制（单位：厘米）

位置	长	宽	高
曹雪芹纪念馆	82	59	20
	86	44	19
香山带水屏山西北	189	45	30
	70	45	30

涵洞，设置于峡谷处石墙的底部，用以泄洪（荷叶山至玉泉山段设有走人与牲畜通行的大涵洞），规模大小不等，有一孔、三孔、七孔之分，又有桥（上面可以走人）和涵洞两种，碧云寺至勤政殿一线应有两座

图九　引水石槽规划测量

图一〇　引水石渠上砥

涵洞，一位于碧云寺与静宜园之间的峡谷上，一位于静心斋北侧。

五　河墙和南旱河：香山引水工程的配套

香山两大山涧，一在南侧，在带水屏山南、东，东行至鲍家窑一带 —— 香山引水工程至四王府段沿前涧北侧东行；一在碧云寺南北两侧，于碧云寺山门前汇合，北行后，东折至四王府村南。

按样式雷图档，“静宜园外月牙池到四王府广润庙石渠长750丈；四王府广润庙至玉泉山西门569丈。”

静宜园外地势低下，为了保证石槽的基本高度水平，即需要建造石墙作为引水石渠的支撑。

石垣，一名河墙，是在地势低洼处以石块堆砌而成，用以抬高地势，使河槽保持水平的高墙。河墙分为内外两部分：内为夯土而成的土墙，其外包裹方正石块砌成的墙壁，主要位于静宜园至四王府广润庙一段、卧佛寺至四王府广润庙一段、荷叶山至玉泉山西门一段。

另外，香山夏季雨量大，方圆十数平方公里雨水汇集到山涧，瞬间水势极大。乾隆三十六年（1771年）夏，西山洪水淹没京西大片土地。乾隆皇帝遂令从香山四王府（香山河滩、寿安山河滩交汇处）向东北、东南分别开辟两条泄水河渠（因夏季以外，无水干涸，亦称南、北旱河），其走向，《日下旧闻考》卷一百一《郊坰·西十一》载：

四王府东北至静明园外垣皆有土山，土山外为东北一带泄水河，其水东北流，合萧家河诸水，经圆明园后，归清河；四王府西南亦有土山，土山外为西南一带泄水河，其水流经小屯村、西石桥、平坡庄、东石桥，折而南流，经双槐树之东，又东南至八里庄西，汇于钓鱼台前湖内，为正阳、广宁、广渠三门城河之上游。

六　乾隆樱桃沟、碧云寺至玉泉山引水工程的价值评价

（一）香山引水工程的价值评价

香山两道引水工程彻底盘活了香山南北两路的景观空间，泉水不仅在部分区域为露明石渠，流水潺潺、水声淙淙，平添了无数游览和赏景的愉悦；同时，为知乐濠、璎珞岩、带水屏山、碧云寺行宫、碧云寺放生池、正凝堂见心斋水池、宗镜大昭之庙前河渠、勤政殿前月池、宫门外水池等景观提供了直接用水。

也就是说，如果没有这两道引水石渠，以上景区内的水源将全部无存，则这一区域的园林景观将变成没有灵魂的建筑空间。

（二）香山引水工程与卧佛寺引水工程一起造就了玉泉山西部景区的灵魂

香山引水工程与卧佛寺引水工程将香山泉水和樱桃沟泉水一起送到四王府广润庙，复引而东行，至玉泉山静明园西门，

北折入涵漪斋景区，形成了飞淙阁、挂瀑簷、涵漪湖等水景，弥补了玉泉山没有瀑布的遗憾，同时，涵漪斋、涵漪湖与玉泉山西部陡峭的山壁一起模仿出辋川别业“北宅”的景象。

这一点，身为总设计师和园林享用者的乾隆皇帝最有发言权。乾隆二十三年，他在《涵漪斋》诗中写道：

临水背山处，夏深雨霁时。
几闲聊选胜，景谧恰延思。
荷气窗间递，漪光座上披。
澹怀凭有照，妙理契无为。

他在乾隆二十九年的《涵漪斋》诗中写道：

初开春水一舟通，水上轩斋镜影中。
偶咏壁题成隔岁，似看雁字不留空。
已欣皎洁如呈月，何必波澜更忆风。
位置若还觅粉本，辋川图里辨新丰。

“辋川图里辨新丰”句，乾隆自注云：“《石渠宝笈》藏郭忠恕《辋川图》，是处位置略仿之。”一句道明引水工程，静明园西部造景的设计师就是乾隆皇帝自己。

不仅如此，涵漪湖的存在还将玉泉山西部的广大区域分隔开来，在涵漪湖的分割和连接下，湖北部的涵漪斋建筑群和湖南部的东岳庙仁育宫景区既独立又关联，一片全陆地的区域顿时灵动起来，建筑与湖泊共同营造出气魄与灵动和谐共存的景象，进而并与西南部的溪田客耕形成对照。

可以说，没有这道引水工程，玉泉山西部景区的使用将变得困难，不可能产生工程建造后的面貌。因此，乾隆时期这道引水工程的建造是玉泉山西部造景成功的关键，是玉泉山景区不可分割的组成部分。

（三）引水工程对玉泉山、香山之间景区的影响

四王府广润庙至玉泉山西门之间的引水工程尽量走直线，为此，除了充分利用天然的土峰外，乾隆皇帝在玉泉山至香山之间建造了五座皇家寺庙，利用部分寺庙的墙体作为石槽的承载物，并造成玉泉山至四王府之间的寺庙景观群。

玉泉山西门外为妙喜寺。《日下旧闻考》卷八十五《国朝苑囿·静明园》称：“涵漪斋之西夹墙门外为妙喜寺”，“妙喜寺以西为静宜园界”。而《日下旧闻考》卷一百一《郊坰·西十一》载：“妙喜寺西为香露寺，又西为普通寺，普通寺南为妙云寺，又西为广润庙。”

这样，石渠与散布其沿途的村庄、旗营、寺庙将整个香山、寿安山之玉泉山一带贯穿起来，形成了连续和谐的景观带。

另外，为了点缀沿途景观，乾隆还令人在河墙沿线栽植柳树。柳树含水量大，早晨叶片上水分蒸发，在太阳的映射下，如同烟雾一般，故当地称为“河墙烟柳”。

七　乾隆年间碧云寺两次山泉阻塞事件

（一）挖煤与保泉：乾隆四十二年碧云寺断水事件

香山至门头沟一带是北京地区的产煤区，煤矿开发历史颇为悠久。不过，矿脉与水脉往往密切相连，挖煤破坏自然环境，尤其是破坏规模较大时，自然会影响到泉脉的走向、泉水的喷涌。故，康熙四十四年（1705年）八月，西城兵马司有立碑警示之事，云："山前龙脉之地，奉旨永禁开煤。如有光棍偷挖土时，拏解按律治罪。"

尽管如此，乾隆年间，碧云寺还是发生过两次泉源断流事件。通过乾隆皇帝对两次断流事件的处理，亦可一窥清代政治的运作情况。

第一次碧云寺泉水断流发生在乾隆四十二年（1777年），第二次发生在六年后，也即乾隆四十八年。乾隆四十二年十月，军机大臣和珅授职兼任步军统领，其家人在碧云寺一带开办煤窑，将碧云寺泉源掘断，定亲王绵恩奉旨查办，终于使得泉水重流。吴熊光《伊江笔记》上篇对此事有明确的记载，云："香山碧云寺泉路为附近煤窑挖断，寺中无水，管理三山大臣具奏。奉旨，命定亲王勘缘。煤窑系管理步军统领和珅请开。"

此次碧云寺泉路断流事件在皇帝的直接干预下很快复流，并没有引发大的风波，不过，六年后爆发的碧云寺断流事情引发的震动就大得多。

（二）乾隆四十八年碧云寺泉水堵塞事件

乾隆四十八年（1783年）初，静宜园姚良奏报："静宜园碧云寺之泉，自上年十二月以后，竟无来水，现将山石拆开，淤泥渣土，全行出净，究不能得水。"

乾隆看到姚良奏折后，不以为然。在他看来，碧云寺泉水系有源之水，与玉泉、趵突泉相通，从来未至枯竭。此时，或来源"不能旺发，泉源细微，尚属事之所有，断无竟成干涸之理。自系伊等办理不善，见水源甚微，即称不能得水。"

不过，根据经验，乾隆也指出另外一种可能，即"该处附近泉水上游，开挖煤窑泄水，以致泉水不能接续而至，俱未可定。"

为了弄清楚碧云寺泉水细微的原因，乾隆四十九年（1784年）三月，乾隆传谕："绵恩会同金简前赴该处，带领营汛园庭官员人等，细加履勘，其泉口淤塞究系何故，并将如何疏浚流通之处，即行据实酌办奏闻。再交姚良遵照办理。"绵恩等奉旨前往碧云寺，并令碧云寺该管人员进行清理。结果，经过实地查看，并将泉源"刨深二尺，见石块堵塞，泥土淤滞泉口，因揭石去泥，遂得泉水涌出，如常畅流。"绵恩本以为此事已结，不过因为土石淤塞导致泉水断流，于是，绵恩将勘察的结果和处理过程报告给皇帝。孰料，“二十一、二等日，该寺官员来报，泉水不见增长，且消去一尺有余。”如此情况，引发了乾隆皇帝对该次碧云寺泉水断流的彻查。

（三）乾隆四十九年碧云寺泉流复断

接到汇报后，乾隆皇帝令绵恩等人再次到碧云寺进行勘察，并“派人复行疏浚”。绵恩赶到碧云寺，令人再次清理泉源。在下刨了两尺多以后，绵恩看到了令他意想不到的事情，只见“油灰麻刀堵塞泉口之内”，绵恩急忙令人“尽行剔取，则泉水依然畅流。”

泉口之内堵塞油灰麻刀，“显有情弊”，绵恩对相应官员进行讯问。别人倒还正常，只有“苑副明庆神色消沮，言语支离。”碧云寺官尚饮希则称，泉源堵塞是因为“修艌水池，油灰流入。”

绵恩认为，明庆与负责修艌水池的园丁匠役应对此事承担责任。他向皇帝请示，“将明庆革职，并修艌水池的园丁匠役交部严审。”

（四）乾隆皇帝对乾隆四十八年碧云寺泉水堵塞事的彻查

乾隆接到绵恩的回报，知道泉口“复有油灰麻刀堵塞泉口，以致泉水消落”的事情后非常恼怒。在他看来，“泉源或经本处土石淤塞，流行不畅，尚属事理所有。若油灰麻刀，何自而来？”由于绵恩折奏中并未提及泉源的确切位置，乾隆指出：“泉源若与试泉悦性山房相近，则园庭禁地，谅难舞弊。自必于园墙之外，另有来源。”他让绵恩等人再往碧云寺，详细勘察泉源的位置及整个事情的原委。乾隆认定，泉口内的油灰麻刀系碧云寺管理官员所为。之所以有这种推断，是皇帝对碧云寺周边经济因素和利益分配的了解和考量所致。乾隆认为，煤商于碧云寺上游开挖煤窑，负责驻守护卫静宜园、碧云寺的官兵“略沾余润，原所不免”；而“园庭官员匠役，不能得利，自必挟嫌将泉源堵塞，令窑商已开之窑封闭，不能得利，反致亏折，以泄其勒索不遂之忿，转致因私偾公。”

因此，乾隆根本不相信泉口的油灰麻刀是因为“修艌水池”时流入的，他指出，如果如碧云寺官尚饮希所称，泉源堵塞是因为“修艌水池，油灰流入”，则“泉水涌出，油灰等物，皆当随水外流，断无转行流入之理。如此支离，实为欲盖弥彰。总之，该员必有挟嫌图利。”乾隆还特别指示，如果确如自己所言，“从前刨挖疏浚之处（即泉源）本在墙外，则应于该处安设堆拨，派营卒看守，令其小心巡查。”随后，乾隆第六次南巡。即便在南巡过程中，他也仍然关心碧云寺泉水堵塞原因的调查情况。留京王大臣经过调查，终于弄清楚了事情的原委。原来，“悦性山房堵闭泉水一案，系窑商韩承宗等误将泉路刨断，于绵恩等前往该处履勘疏浚时，该商等复暗中戽水，灌注入池。”后来，绵恩在泉口发现的麻刀油灰，则是明庆指使瓦匠温进德放进去的。事情至此，乾隆尚不罢休，他

对静宜园各管官员都进行了斥责：

> 此中情弊，姚良乃专管之人，断无不知，何以到案不即行供明，惟认胡涂，直似与己无涉。福善既供煤窑与碧云寺泉道相通，有人力灌溉，求将窑座封闭，便可明白。是福善早已悉其底里，何以不于绵恩等查参时，即行呈明。明庆见池内水泉增长，即系灌注之水，亦可源源接济，自属有益。何以又令瓦匠温进德将石灰麻刀搀入池内，欲行堵塞。

乾隆指出："以上各情节，王大臣等并未切实根究，著再详悉研鞫，务得确情。"由于窑商韩承宗自请赔修引沟，用以接济寺内来水。乾隆指示："务使永远接济，不致复有干涸之事。"韩承宗称，他要"设法在窑内接通活水"。对此，乾隆皇帝也很关心，他要绵恩查勘明确，韩承宗要接的水源"是否系窑中新得之水，抑系碧云寺旧有之泉。"

另外，对于妨碍泉水的煤窑，乾隆令绵恩"俟引沟修浚，泉源复旧时"[3]，查明是哪座煤窑，再行查封。至此，这件离奇的泉源堵塞案才告一段落。

结 语

学术界以往对香山引水工程的关注不多，认为它是为昆明湖供水的引水工程。侯仁之先生对此工程的评价最高，也只是称："整个工事颇具匠心，工程规模虽然不大，以尽郊区引水的能事。"

实际上，通过考察，笔者认为，樱桃沟、碧云寺至玉泉山的引水工程作为玉泉山西部造景的关键，并对静宜园、卧佛寺及沿途景观的形成都起到了很大的影响，从而连接起香山景区和玉泉山景区，使之成为"互相照应"的整体景观区。

由于历史上学术界对引水工程的评价不高，国家和群众对这一工程的重视不够，新中国成立以后，有关部门和当地百姓对其没有保护意识，在20世纪50 ~ 80年代连续30年的时间内，香山公园、北京植物园及各村、市政纷纷进行自己的建设，将各自区域内的引水工程拆埋殆尽，准有北京植物园和香山公园还有部分留存，成为这一宝贵文化遗存的见证。

在国家和各单位都在重视文物保护和文化建设的今天，如何保护、恢复、利用好这一具有重大历史意义和园林学、美学意义的工程及其衍生景观，是一个重大的学术课题。

（樊志斌系北京植物园曹雪芹纪念馆副研究员）

注释

①本文所引资料不注明者，皆自《日下旧闻考》北京古籍出版社，2001年。《日下旧闻考》未载的乾隆诗均出《乾隆御制诗文全集》中国人民大学出版社，2013年。

②《日下旧闻考》卷八十六《国朝苑囿·静宜园一》。

③《高宗纯皇帝实录》，卷一千二百，中华书局，1986年。

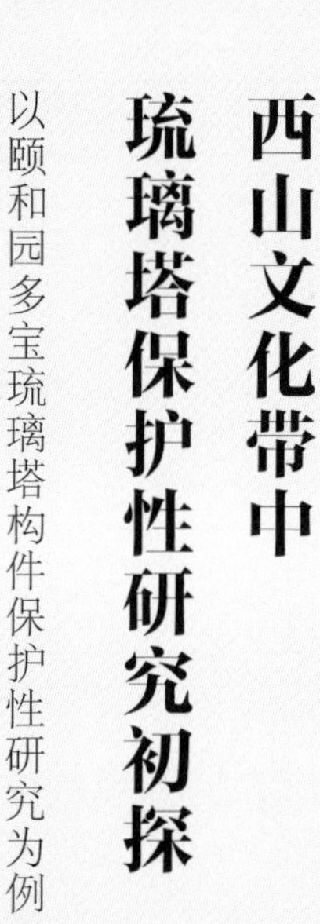

西山文化带中琉璃塔保护性研究初探

以颐和园多宝琉璃塔构件保护性研究为例

陈曲

前言

西山是北京西部山地的总称，属太行山脉最北段，居太行之首，古代被誉为“神京右臂”，拱卫着北京城。西山文化带范围大致为北起昌平区南口关沟，南抵房山区拒马河谷地，西至市界，东临北京小平原。涉及海淀、昌平、石景山、丰台、门头沟和房山六区，长约90千米、宽约60千米，总面积约3000平方千米，约占全市总面积的17%。

“西山文化带”包括“三山五园”历史文化景区、房山区琉璃河西周燕都遗址及潭柘寺、卧佛寺等众多寺庙，历史文化内涵丰富，是北京的文明之源、历史之根、文化之魂。

“三山五园”——万寿山、玉泉山、香山及颐和园、静明园、静宜园、圆明园和畅春园，作为古典皇家园林的典范，代表了“虽由人作，宛自天开”的古典造园艺术的巅峰，既有巧于因借的山水之美，又有集

大智慧的雕梁画栋的各类古建筑，亭、台、楼、阁、馆、轩、榭、桥等，种类繁多。在皇家园林的古建筑群中，琉璃建筑因琉璃的华丽色彩、构件的繁复精美为古建筑群增添了浓墨重彩的一笔，起到了画龙点睛的作用，如颐和园中轴线建筑群排云殿—佛香阁景区、静宜园昭庙建筑群等。在众多的琉璃建筑中，造型新颖、颜色丰富的琉璃塔更是将琉璃建筑的使用推至了顶峰。可以说"三山五园"中的琉璃塔如一颗璀璨的明珠，代表了清乾隆时期至今我国琉璃建筑——琉璃塔建造艺术的极大成就。

据史料记载，乾隆朝共建有六座琉璃塔，分别为颐和园花承阁琉璃塔、静宜园昭庙琉璃塔、静明园圣缘寺琉璃塔、圆明园法慧寺琉璃塔、北海大西天琉璃塔、承德须弥福寿之庙琉璃塔，其中前四座位于西山文化带中，但目前西山文化带四座琉璃塔中，仅存颐和园、静宜园、静明园三座琉璃塔，圆明园法慧寺琉璃塔已损毁。

琉璃塔作为一个历史时期的文化遗存，一旦损毁，是不可逆的，很难运用技术手段还原其原真性，因此，对现存琉璃塔及其琉璃构件进行历史沿革、构造等的研究，对琉璃塔的保护乃至清乾隆时期琉璃历史信息的传承都具有极为重要的意义。

一　西山文化带中琉璃塔概况

1.静宜园昭庙琉璃塔

昭庙全称宗镜大昭之庙，位于静宜园东北部，为一座藏式建筑为主体的寺院，是乾隆皇帝为来京的西藏政治首领班禅六世而建的行宫，仿西藏日喀则扎什伦布寺的形式建造。

琉璃塔位于昭庙的后山上，始建于清乾隆四十五年（1780年），平面为正八边形，通高约25米，为砖石结构八角七层楼阁形式，与承德须弥福寿庙琉璃塔基本一致（图一）。塔顶安放黄色琉璃宝顶，屋面为

图一　静宜园琉璃塔（引自百度图片）

图二 圆明园琉璃塔（引自百度图片）

黄琉璃绿剪边，塔身为黄绿琉璃装饰，每层均有八面大佛龛。塔下为正八边形基座，周围绕以白玉栏杆，底部为条石砌筑，外接木结构周围廊，是静宜园重要景点之一。

2. 圆明园法慧寺琉璃塔

法慧寺位于圆明园东南部，是一座宗教建筑寺院。据《日下旧闻考》所载，“长春园海岳开襟之东为法慧寺，山门西向……其西别院有琉璃方塔”，可见琉璃塔位于法慧寺西侧。另据史料记载，法慧寺在长春园（始建于清乾隆十年即1745年）建成之初就已经建成，推测琉璃塔始建年代不晚于乾隆十年。根据历史照片所得，琉璃塔各层平面形状不一，一、二层平面为正方形，三、四层平面为正八边形，五至七层为圆形，通高约23.5米，为砖石结构七层楼阁式与密檐式相结合的形式（图二）。塔身为黄、绿、浅蓝、深蓝、紫五色琉璃装饰，一、三、五层均有大、小佛龛。塔下为正方形基座，四周绕以汉白玉栏杆，是乾隆时期所造之琉璃塔中最为艳丽的。虽然历经1860年八国联军的大火未损毁，但由于后期无人管理，逐渐坍塌，现仅存遗址残石。

3. 静明园圣缘寺琉璃塔

圣缘寺位于静明园的西南部，是一座规模较小的佛寺。琉璃塔位于寺内的一座小山上，始建于清乾隆年间，平面呈不等边的八边形，东、南、西、北四个边宽，东南、西南、西北、东北四个边稍窄一些，通高约16米，为砖石结构八角七层楼阁式与密檐式相结合的形式（图三）。塔身为黄、绿、浅蓝、深蓝、紫五色琉璃装饰，一、三、五层八面均有小佛龛，东、南、西、北四个大面均有大佛龛，塔下为八边形基座，周围绕以白玉栏杆，底部为条石砌筑。静明园琉璃塔与颐和园多宝琉璃塔从结构、装饰到琉璃用色都极为相似，只是圣缘寺多宝琉璃塔上镶嵌的小佛龛多一些，比颐和园多宝琉璃塔多出60多尊。

4.颐和园花承阁多宝琉璃塔

花承阁位于颐和园万寿山后山东部，是一座寺庙建筑群，现仅存琉璃塔和木牌楼一座。多宝琉璃塔位于花承阁院落西侧，始建于清乾隆十六年（1751年），原名为“多宝佛塔”，现称“多宝琉璃塔”，自始建之初，

图三　静明园琉璃塔（引自百度图片）

保存至今（图四）。多宝琉璃塔平面呈不等边的八边形，与静明园琉璃塔平面形状相同，东、南、西、北四个边宽，东南、西南、西北、东北四个边稍窄，这种布局方式减小了塔身的直径，有利于凸出塔身正面，避免塔形的呆板，使其富于变化，使塔更加高耸秀丽，单从这个角度来看，是清代佛塔建造的一个技术飞跃。塔身通高约17.6米，为砖石结构八角七层楼阁式与密檐式相结合的形式。一、三、五层为平座楼阁式，其余各层为密檐式做法，塔身从一层至七层分别采用了黄、绿、紫、深蓝、浅蓝五色琉璃砖镶嵌，其中一、三、五层塔身各面镶嵌有黄色琉璃壶门式小佛龛，正中为一尊结跏趺坐式小佛像，东、西、南、北各面正中均设有拱券式琉璃大佛龛，佛龛中为结跏趺坐式、站立式佛像，券脸上为黄、绿、深蓝、浅蓝的精美琉璃雕花。经计算，塔身共分布有小佛龛556尊，大佛龛12尊，整座多宝琉璃塔的结构设计巧妙，造型精美，艺术水平精湛。

通过上述西山琉璃塔现状分析、比较，就琉璃颜色而言，颐和园多宝琉璃塔颜色最多；就建筑结构而言，颐和园多宝琉璃塔与静明园琉璃塔结构形式基本一致，且最具特色

和

园

图四 颐和园多宝琉璃塔

和典型性；就塔所处的地理位置和采撷历史信息的便利性而言，颐和园多宝琉璃塔最具操作性；就研究的参考依据而言，颐和园多宝琉璃塔具备较充足的参考资料。因此，开展以颐和园多宝琉璃塔为主要研究对象的琉璃塔及构件的保护性研究，对日后开展全面而深入的琉璃塔研究具有探索性的重要意义。

二 颐和园多宝琉璃塔构件保护性研究

琉璃构件种类繁多，大到大小额枋、立柱，小到瓦件勾头、滴水，造型各异，数量众多，其中尤以琉璃瓦件受损、补换情况凸出，因此，我们以琉璃瓦件的研究为切入点，逐步展开对琉璃构件的保护性研究。

1.琉璃瓦件历史时期的断代

对颐和园琉璃瓦件烧制时期的判断分析主要依据“颐和园建筑修缮科技档案”，内容包括清漪园陈设清册、清漪园陈设黄册、颐和园工程清单、内务府奏案、朱批奏折、舆图、清代帝后起居注、颐和园匾联、御制诗文、颐和园古建筑普查档案、琉璃建筑及构件普查表等。这些珍贵的档案资料是在200多年的颐和园修建过程中逐渐形成的官方文书，是研究颐和园历史和文化内涵的真实可信的第一手材料。它们对琉璃建筑及其琉璃瓦件历史时期的断代提供了有力依据。但对琉璃瓦件而言，仍存在一定的断代盲区。目前有两种确定的断代方法：(1)琉璃瓦胎款识。清朝所用的琉璃瓦均有专用官窑，不同官窑生产的琉璃瓦背面均刻有官窑名称、烧制年代等，如“西作二造”“五作成造”“十五年造”“京西琉璃窑”等；(2)根据琉璃瓦件纹样及建筑修缮档案，查阅古建筑修缮的程度及具体的维修位置，通过数据统计方法，进行断代。

通过对多宝琉璃塔及其琉璃瓦件外观的比较以及历史档案的查阅，将采集到的琉璃勾头信息进行了对比分类，进行断代研究。

根据档案记载，多宝琉璃塔建成后只于1982年进行过一次较大规模的整修，除此之外，隔几年进行小修，但未添配琉璃构件。通过对多宝琉璃塔大部分琉璃瓦现状的细致比较发现，虽然勾头、滴子等琉璃瓦件有黄、绿、紫、浅蓝、深蓝五种不同颜色，但纹样

深蓝纹样一

深蓝纹样二

黄色纹样一

黄色纹样二

图五　多宝琉璃塔琉璃瓦件纹样

紫色纹样一

紫色纹样二

浅蓝纹样一

浅蓝纹样二

图六　颐和园勾头龙纹对比图

仅有两种形式，且纹样一在阳面（前坡）所占比例大，纹样二在阴面（后坡）所占比例大（图五）。对比分析可知，这两种琉璃勾头分别为乾隆时期多宝琉璃塔初建时使用的琉璃瓦和1982年屋面整修时添配的琉璃瓦。虽然琉璃比较耐侵蚀，但位于阴面的瓦件相对于阳面瓦件而言，受风吹雨淋等侵害程度较严重，因而阴面添配的瓦件数量较多。而且自1982年至今，未进行屋面等琉璃塔结构及构件的整修，尚未获得带有琉璃瓦胎款识的琉璃瓦，因此，仅能通过上述档案、颐和园琉璃瓦件年代序列链，结合瓦件纹样图及勾头龙纹对比图（图六），运用对比、插入年代序列链相结合的方法，推测纹样一瓦件为乾隆时期烧制，纹样二瓦件为1982年烧制。

2. 琉璃瓦胎和釉的成分分析

由于自1982年至今尚未进行过屋面修缮等较大规模的修缮，尚未获得足量的多宝琉璃塔的琉璃瓦件残片，因此，未进行琉璃瓦件

机械性能实验，即琉璃瓦件抗弯曲性能、吸水率、抗冻性能及耐极冷极热性能。同时考虑到琉璃瓦样品釉面和胎体采集数量相对较少等因素，尚未利用三维视频显微镜、矿相显微镜及扫描电镜 —— 能谱仪观察、分析琉璃瓦样品釉面和胎体的显微形貌。仅就取样的琉璃瓦釉和胎的元素进行成分分析。

胎和釉的元素成分分析

利用能量散射型 X- 射线荧光光谱仪分别测定琉璃瓦釉和胎的元素组成（表 1）。分析测试条件如下：

仪器型号：EDX－800HS（日本岛津公司制造）

测量条件：铑（Rh）靶；

电压：Ti—U 50Kv，Na—Sc 15 Kv

测量环境：真空；测量时间：200s

根据 X- 荧光及 XRD 分析的结果显示，琉璃瓦样品的釉料的主要成分是 PbO 和 SiO_2，次要成分包括 Al_2O_3，Fe_2O_3，K_2O、CaO 等。其中 PbO 的含量为70% ~ 74%，SiO_2的含量在15.231% ~ 18.112%，说明这些琉璃瓦样品的基础釉料是 PbO 和 SiO_2。绿釉中 CuO 的含量为2.767% ~ 3.497%，说明其着色原料可能是 CuO 和其他含铜的矿物。黄釉中Fe_2O_3的含量5.967%~6.473%，说明其着色原料可能是赭石等含铁的矿物。

琉璃瓦胎的矿物组成分析

取一定量的琉璃瓦胎，用玛瑙研钵磨成粉末，压片，然后利用粉末 X- 射线衍射仪测定瓦胎中的矿物组成（表 2），分析测试条件如下：

仪器型号：RINT 2000（日本理学株式会社制造）

测量条件：铜 (Cu) 靶；

狭缝：DS=ss=1°，RS=0.15mm；

电压：40kV；电流：40mA；测试角度5°~ 75°

根据 X- 荧光分析的结果显示，琉璃瓦

表 1　绿色琉璃釉料样品 X- 荧光分析

化学成分	PbO	SiO_2	CuO	Al_2O_3	Fe_2O_3	CaO	K_2O
含量（%）	74.009	15.231	3.497	2.334	2.173	1.391	1.364

表 2　琉璃瓦胎样品 X- 荧光分析试验数据（部分）

化学成分	SiO_2	Al_2O_3	Fe_2O_3	K_2O	TiO_2	CaO	CuO	ZnO	V_2O_5
含量（%）	57.915	21.623	7.273	5.125	3.245	2.366	2.055	0.210	0.187

胎体的主要成分是 SiO_2和 Al_2O_3，次要成分包括 Fe_2O_3、K_2O、CaO 、TiO_2等，此外，还含有一些微量成分如 SrO、V_2O_5。其中，SiO_2的含量为44.690%~64.027%，Al_2O_3的含量在13.822% ~ 21.623%，说明这些琉璃瓦样品胎体的主要成分为硅酸盐矿物。此外，胎体中 Fe_2O_3的含量比较高，一般在 7.273%~ 17.377%，是因为胎体中含有一些红色小颗粒，可能为铁的矿物。根据 XRD 测试的结果发现，琉璃瓦胎体中矿物成分主要有石英、莫来石、刚玉、赤铁矿、钾霞石等。

3. 琉璃瓦病害分析

造成琉璃瓦件病害的原因有很多，除人为因素外，主要包括以下几大类：

表面积尘、黑色结壳

琉璃瓦表面沉积物多由灰尘、肥土等组成，因不能及时清除，且经较长时间的沉积作用，表面沉积物黏性增强，在瓦件表面形成黑色结壳，致使釉色发暗，精美的琉璃纹饰模糊不清甚至引起脱釉。

釉面脱落

多宝琉璃塔琉璃瓦的脱釉现象比较普遍。主要原因包括：a. 基础釉料为 PbO 和 SiO_2，且铅含量非常高。铅的存在可以降低烧制温度，使琉璃更加亮丽，但由于 PbO 的膨胀系数较大，因此，烧制过程中易导致釉面产生裂纹，胎釉结合不牢固，当外界环境变化较大时，易脱釉。b. 生产工艺和烧制过程存在的缺陷导致釉层过薄、挂釉不均、胎釉结合不牢。c. 外界环境影响，如干湿交替、冷热交替、雨雪侵蚀等，均可造成琉璃瓦釉面脱落。

瓦胎酥碱

琉璃瓦覆盖于建筑的顶部，位于与雨雪直接接触的最上层，雨雪过后，瓦件内蕴含较多水分，溶解了瓦件中部分可溶性盐。天气放晴后，阳光直射，水分蒸发，导致可溶性盐析出、结晶，天长日久反复作用，逐步造成釉面脱落，胎体酥碱。

风　化

风化是自然环境对琉璃瓦最直接的危害，主要是温度的变化和风蚀的作用。风化在一定程度上影响釉面的牢固性，致其脱釉，同时，对于釉面已脱落的瓦胎，致使瓦胎结构逐步疏松，瓦胎粉化。

植物滋生

瓦件表面沉积的灰尘和肥土为地衣、苔藓等植物提供了生存环境，长期处于湿润环境的琉璃瓦便成为苔藓体生长的沃土。同时，瓦件间的瓦泥也可生长植物，植物根系渗入瓦件间，不断生长，致使瓦件空隙变大，最终造成瓦件开裂、损坏。

4. 琉璃瓦实验性保护方案

根据琉璃瓦的保存现状情况及病害分析，制定了有针对性的实验性的保护方案。主要包括：

清　洗

清除琉璃瓦件表面积尘、黑色结壳最有效的方法为清洗。但是，目前的清洗材料及清洗方法较多，采用何种材料进行清洗最佳一直无定论。为此，选用了清水和清洗剂进行对比实验。清水清洗效果不是很明显。清洗剂清洗效果较明显，但对琉璃瓦釉面、瓦胎的影响大小尚须进一步研究。随着研究的深入，将选取更多的清洗材料进行实验，最大限度地保护瓦件，使其受到最小的干扰。

粘接及加固

为最大限度地保留并尽可能使用原有瓦件，对于局部开裂不影响使用的琉璃瓦进行了传统材料和现代粘接材料加固的对比实验。传统材料采用油灰（生桐油1：面粉1：白灰1：麻刀0.3）作色勾缝加固瓦件。实验数据表明：现代粘接材料加固后的强度远远大于传统材料。但是，在施工过程中要具体问题具体分析，根据实际情况选用适合的粘接材料。

监　测

包括环境监测和常规监测

环境监测：琉璃瓦所处环境状况对瓦件保护、保存至关重要。环境诸因素中，大气温湿度的交替及急剧变化是导致琉璃瓦釉面及瓦胎膨胀、龟裂、空鼓甚至离皮脱落的诱因之一，对琉璃瓦影响较明显。因此，自2005年开始设置温湿度记录仪，至今定期采集温湿度变化数据，用以作为环境分析的参考依据（图七）。

常规监测：琉璃瓦釉面剥落是瓦件病害最直观的表现。因此，以一年为周期，定期循环进行琉璃瓦釉面保存情况监测，以掌握第一手监测资料，便于后期制定及时有效的保护措施。

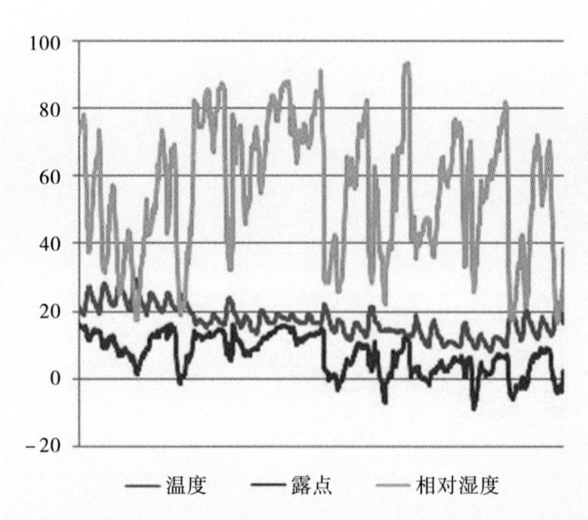

图七　2006年10月1～30日温度、湿度、露点监测数据（部分）

5. 三维激光扫描技术在琉璃构件保护中的应用

1964年,《威尼斯宪章》对文物古迹的研究、记录与相关出版工作提出了以下明确要求:“古迹的保护与修复必须求助于对研究和保护考古遗址有力的一切科学技术”,“一切保护、修复或发掘工作应配以插图和照片的分析和评论报告,要有准确的记录,清理、加固、重新整理和组合的每一阶段以及工作过程中所确认的技术及其形态特征均应包括在内。”

2015年《中国文物古迹保护准则》对文物古迹记录工作提出了明确的要求:“记录档案应当按照国家关于档案法规进行收集、汇编保管。但对于一项文物古迹,至少应包括5种内容,即历史文献汇集、现状勘测报告、保护工程档案、监测检查记录、开放管理记录。”

因此,记录琉璃塔现存状态及真实的历史信息,是琉璃塔监测与保护的基础。三维激光扫描技术的出现,在很大程度上解决了琉璃塔因结构复杂、构件形态繁复、构件损坏程度不一在测量与监测方面的难题,是测绘手段的技术性飞跃。

三维激光扫描技术利用激光测距原理,通过高速激光扫描测量的方法,密集地大量获取被测物体表面对象的数据点,记录点的三维坐标、反射率和纹理等信息,复建出三维模型及线、面、体等各种图件数据,快速建立物体三维影像模型。因此,相对于传统的单点测量,三维激光扫描技术被称为从单点测量进化到面测量的革命性技术突破。

颐和园多宝琉璃塔保护性研究过程中,引入三维激光扫描技术,对琉璃塔及琉璃构件进行三维激光扫描,最大限度地留存了琉璃构件结构、纹饰、颜色等历史信息,真实、完整地从空间、时间两个维度,把多宝琉璃塔的历史文化遗产相关要素记录在案,为琉璃塔的保护、修缮及信息存档建立了永久电子数据库,对琉璃塔历史信息的真实性留存及日后开展深入性研究具有极为重要的历史意义,完成了先进科学技术对琉璃塔的监测与保护的部分工作,真正体现了中国文化遗产保护基本原则的深刻内涵(图八、九)。

图八 琉璃构件局部扫描对比图

结 语

以上仅是笔者对颐和园多宝琉璃塔保护性研究的初步探索，还处于相对较浅的层面，仅代表了颐和园多宝琉璃塔保护性研究个性的一面，仅仅揭开了西山文化带中琉璃塔保护性研究工作面纱的一角。西山文化带中的琉璃塔保护性研究工作任重而道远，更为先进的科学技术手段和新型保护材料有待我们发现、利用，更为全面深入的保护措施还需要我们不断地挖掘与探索。作为文化遗产保护工作者，仍需要做大量的研究工作，保护传承好西山文化带中的琉璃塔的真实性和完整性，以使其在历史的长河中熠熠生辉。

（陈曲系北京市颐和园管理处基建队副队长、高级工程师）

参考文献

①汪建民、侯伟:《北京的古塔》，学苑出版社，2003年。
②北京市地方志编纂委员会:《北京志·世界文化遗产卷·颐和园志》，北京出版社，2004年。
③李全庆、刘建业:《中国古建筑琉璃技术》，中国建筑工业出版社，1987年。
④刘大可:《明、清官式琉璃艺术概论》,《古建园林技术》，1996年第1期。
⑤《保护文物建筑及历史地段的国际宪章》，《威尼斯宪章》，1964年。
⑥故宫博物院《清·钦定工部则例》，海南出版社，2000年。
⑦《中国文物古迹保护准则》，2000年。
⑧（清）于敏中等:《日下旧闻考》，北京古籍出版社，2000年。
⑨《颐和园建筑修缮科技档案》。
⑩《威尼斯宪章》，1964年。

图九　多宝塔西立面照片及三维扫描

颐和园园墙史考

孙震

保持文物的原真性是文物修缮的重要准则，而对文物历史的充分研究则是保持文物修缮原真性的基础。颐和园园墙是世界文化遗产颐和园文物构筑物的重要组成部分，它既不同于故宫的红墙黄瓦，也不同于江南的粉墙黛瓦，而是采用在北京西郊“三山五园”地区普遍使用的虎皮石墙。然而，历史上颐和园的园墙却历经沧桑变化，大体经历了从无到有，从半封闭到全封闭，从低到高的演变过程，园墙的变化与颐和园的历史发展脉络也息息相关。

一　清漪园兴建之前

清漪园营建之前，其前身西湖瓮山一带是京城西北郊一处著名的风景名胜区，尤其瓮山泊（西湖）美妙天成的自然景象，不但成为京城百姓游玩赏景的最佳处，也吸引着统治者和达官贵人徜徉其间。在西湖周围，稻田、寺庙、村庄星罗棋布，与山湖共同组成一幅宛如江南的优美画卷（图一）。

二 清漪园时期

清乾隆十五年（1750年），经过扩湖堆山之后，乾隆皇帝开始着手营建清代最后一座皇家御园清漪园。为了保持与周围景观的视觉廊道，乾隆皇帝在营造清漪园时，只在园子北面建造园墙，东南西三面则与周围景观融为一体（图二、三）。清漪园时园墙的具体范围和走向是从文昌阁向北经东宫门再向北，到霁清轩折而向西经过北楼门（北宫门）到西宫门，再折而向东到半壁桥，止于贝阙城关。可能是为了防止闲杂人等从湖中爬桥进园，甚至在半壁桥上也筑起了虎皮石园墙。在以后清漪园的百年时间里，园墙时有坍塌和修缮，但其他无明显变化。

图一 《京杭道里图》中的瓮山与瓮山泊

图二 《京畿水利图》中的清漪园东西南三面无围墙（东侧园墙为清漪园东侧的马厂围墙，墙上为马厂西门），与周围环境融为一体

图三 半壁桥处的园墙老照片，从拱圈中可见界湖桥和玉泉山

三　颐和园时期

咸丰十年（1860年）清漪园被毁后，原旧大墙多有损毁，坍塌不齐，重新建园需要对园墙进行大规模的修缮。同时，重新建设的颐和园不再仅仅作为清王朝帝王澄怀散志的行宫，增加了居住、办公、外交等一系列重要功能，成为与紫禁城并列的晚清政治中心，相应的安全级别也需要提升，因此，在园墙修缮上主要采取了增加园墙长度使其封闭和提升园墙高度保障安全的措施。

1. 园墙封闭范围

园墙的封闭范围涉及需要将哪些景物圈入墙内。颐和园的北面大墙基本是在清漪园北大墙的基础上修缮完成，东南两侧大墙方案也很快确定，只在西侧大墙的建造上经过反复推敲。在西面大墙范围的确定上，慈禧最初的考虑方案是将治镜阁所在的小西湖和耕织图区域的前后水操学堂、御碑亭等一并划出大墙以外，其原因可能是由于治镜阁损毁严重，并且囿于财力捉襟见肘无法恢复。但最后的方案还是将小西湖纳入园内，而只将耕织图水操学堂等划出大墙以外。

颐和园的重修工程于光绪十二年（1886年）就已秘密开始，根据光绪十六年（1890年）十二月的工程清单，已有在东面大墙外修建道路的记载，推测在光绪十六年东面大墙已经增建完成（图四）。

2. 园墙长度

新修的园墙到底有多长？《万寿山前添修大墙宫门角门并桥座涵洞驳岸等工丈尺钱粮册》记载："东西南三面添修大墙凑长一千八百四十一丈三尺。内东面长六百二丈八尺"。《万寿山前添修大墙宫门角门并桥座涵洞丈尺做法册》记载，"万寿山东、西、南添修大墙凑长一千八百四十一丈三尺。两份档案记载较为一致"。

而据《昆明湖续展大墙并添修堆拔桥座添建海军衙门值房及东面大墙外补垫道路等工丈尺作法细册》记载，"原拟添修大墙凑长一千七百七十九丈九尺七寸，今拟往西南展宽将治镜阁圈在大墙以内，计添修大墙长一百九十二丈七尺。"通过档案记载及现状遗址判断，清末治镜阁是被圈在大墙以内的，可知此方案应为最后的实施方案，从而推算出清末添修的东西南三面大墙应为

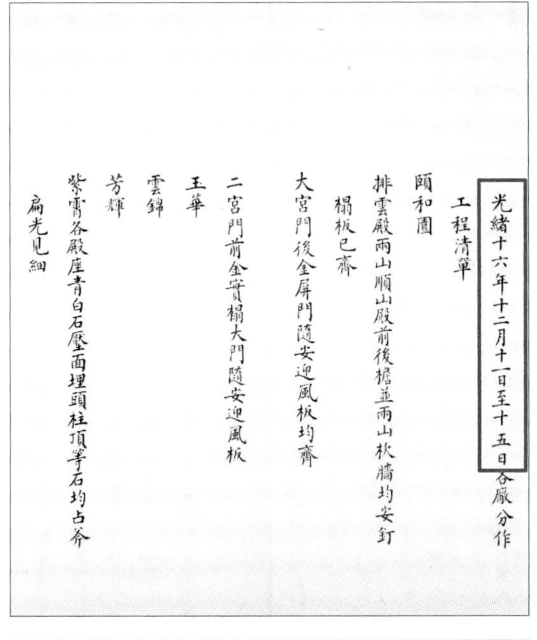

光緒十六年十二月十一日至十五日各廠分作
工程清單
頤和園
排雲殿兩山順山殿前後槅並兩山秋牆均安釘
槅板已齊
大宮門後金屏門隨安迎風板均齊
二宮門前金寶槅大門隨安迎風板
玉華
雲錦
芳輝
紫霄各殿座青白石壓面埋頭柱頂等石均占斧
扁光見細

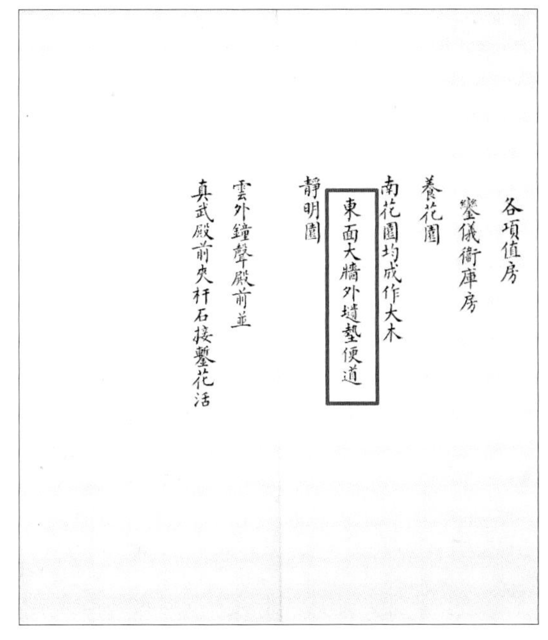

各項值房
鑾儀衛庫房
養花園
南花園均成作大木
東面大牆外墡墊便道
靜明園
雲外鐘聲殿前並
真武殿前夾杆石接鑿花活

图四　光绪十六年关于颐和园东面大墙的档案记载

一千九百七十二丈六尺七寸，按照清代一尺等于31.25厘米的标准计算，约长6165米。

3. 园墙高度

至于园墙高度，《昆明湖续展大墙并添修堆拔桥座添建海军衙门值房及东面大墙外补垫道路等工丈尺作法细册》记载，“至拔檐下皮高六尺五寸（约2米）”。《万寿山前添修大墙宫门角门并桥座涵洞驳岸等工丈尺钱粮册》记载：“东面墙外皮至拔檐下皮高一丈一尺五寸（3.6米），里皮露明高八尺，西南两面至拔檐下皮高八尺（2.5米）”。拔檐为墙帽的下缘，意即园东虎皮墙体外侧高3.6米，内侧和园西南大墙高2.5米，这也验证了由于颐和园东堤两侧地势高差的存在，东面外墙的高度明显比其他方位的墙高，比同侧里面也要高出约1.1米。

对于原来就有的北面大墙，主要是修缮和加高，光绪十七年（1891年）十月《工程清单》记载：“颐和园北面虎皮石大墙墙身长高，并拆砌鼓闪，补砌坍塌，抹饰墙顶，拘抿灰缝已齐”（图五），可见其加高时间比东西南新建园墙时间稍晚。在高度上，北侧大墙原旧均高六尺四寸至八寸（即2～2.1米），增高一尺两寸（0.38米），

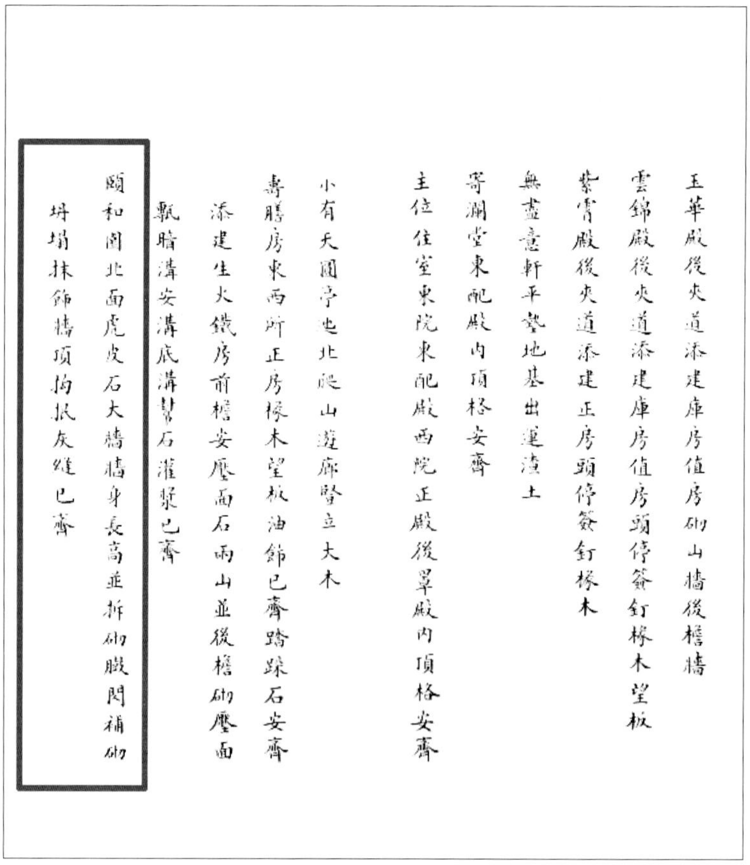

玉華殿後夾道添建庫房值房砌山牆後檐牆
雲錦殿後夾道添建庫房值房頭停簽釘椽木望板
紫霄殿後夾道添建正房頭停簽釘椽木
無盡意軒平墊地基出運渣土
寄瀾堂東配殿內頂格安齊
主位住室東院東配殿西院正殿後罩殿內頂格安齊
小有天圓亭迤北爬山遊廊豎立大木
壽膳房東西所正房椽木望板油飾已齊踏跺石安齊
添建生火鐵房前檐安壓面石兩山並後檐砌壓面
甎牆溝安溝底溝幫石灌漿已齊
頤和園北面虎皮石大牆牆身長高並拆砌臌閃補砌
坍塌抹飾牆頂掏抿灰縫已齊

图五　光绪十七年（1891年）关于颐和园北面大墙增高的档案记载

增高后达约2.5米。增高后的高度与新建的东南西三面大墙基本相同。

原半壁桥附近墙体稍矮，从船坞北闸军房到贝阙城关，从贝阙城关到半壁桥，再从半壁桥到北宫墙，均高四尺七寸五分（约1.48米），此次增高三尺二寸五分（约1米），也约达2.5米。

颐和园园墙整体再次增高是在光绪三十一年（1905年）。是年，清政府派载泽、绍英、戴鸿慈、徐世昌、端方等满汉五大臣出洋考察。9月24日，五大臣在正阳门（今前门）火车站上车时，事先潜入火车上的安徽革命志士吴樾引爆了随身携带的炸弹，五大臣中的载泽、绍英当场被炸伤，吴樾也当场牺牲。第二天清晨，端方、徐世昌等大臣赶赴颐和园宫门外的军机值房，等候慈禧太后的接见。当慈禧太后知道情况后，异常惊恐不安。她在颐和园内发布谕旨：“著严切查拿，彻底根究，疏于防范官员均交部议处。”同时，为预防不测，慈禧太后命大臣选派工匠将颐和园四周园墙又加高了1米多，即成为现在的园墙高度（图六、七）。据一些上年纪的老人说，当时为修园墙，清宫曾向居住在颐和园周围的老百姓大量收买鸡蛋，打碎后，用鸡蛋清混合在砌大墙用的白灰和黄土中，以增加园墙的牢固程度。时年，社会上流传着一句顺口溜：“炸弹一响围墙高，佛爷如同惊弓鸟”。

4. 园墙材料及工艺

颐和园园墙的传统做法是黄土混合石灰砌虎皮石。虎皮石是瓮山到香山一带出产的红黄色砂岩，颐和园等西郊园林就地取材，大量使用了这种砂岩石块作为墙体的建筑材料。用其砌筑的墙壁，黄底灰纹，颜色斑驳，宛若虎皮，故得名为“虎皮石墙”，体现了行宫园林的古朴风格。

《万寿山工程则例·瓦作则例》记载：

（一）

（二）

图六　清末民初老照片中的加高痕迹

图七　现在园墙加高痕迹依然清晰可见

图八 《三山五园图》中颐和园南如意门附近的虎皮石园墙

“虎皮石，厚二尺五寸，见方一丈，白灰一千八百斤，黄土一分二厘五毫，麻刀十二斤八两，瓦匠三工半，壮夫十名半。”上述档案还记载：“虎皮石打并缝石，包砌台基，并墙心厚一尺见方，一丈用油灰五十斤，桐油一斤四两，江米七升四合四勺，白矾七斤七两，黄米条铁丝四斤；每石一方用，白灰一千五百斤，运夫十名半；每露明见方一丈用，石匠九十工，每方外加耗石半方；糙并缝石每平面折见方丈厚五寸用：白灰七百四十四斤，石匠三十工，瓦匠一工半，壮夫三名；每石一方外加耗石二分。”可见，传统园墙工艺还需油灰（腻子）、桐油、江米、白矾、黄米条铁丝等材料。

至于建造工艺，《昆明湖续展大墙并添修堆拔桥座添建海军衙门值房及东面大墙外补垫道路等工丈尺作法细册》记载：“外下亲脚埋深高一尺五寸，厚二尺五寸，埋深满铺豆渣石一层，见缝下生铁银锭熟铁，弄掺沟泥油灰缝。墙深并堆顶用虎皮石成砌墙身，拘抿青灰，墙顶抹什青灰。拔檐尺二方砖一层，散水灰砌新样城砖，地脚刨增埚下柏木地丁。山石留当散水，地脚筑打灰土二步”。上述档案，对颐和园虎皮石墙体下部、上部、基础、墙帽的施工工艺都做了描述。

5. 园墙添建修的建筑物

在修建园墙的同时，还在墙上添修了若干园门。北墙上新开北如意门；东墙绣漪桥以南添建宫门一座三间（即南如意门），腿子门添建两座（位于凤凰墩东岸和新建宫门），腿子门角门添建一座（位于文昌阁附近）；西墙添修腿子门角门两座（现西门和耕织图湖附近）；并沿墙添建大量堆拨、值房等值守、防卫建筑物。

6. 墙外稻田驳岸

光绪十七年（1891年）四月，文昌阁至绣漪桥东面大墙外“新垫便道”，泊岸“筑打灰土”。由于东墙外就是稻田，故沿新建大墙墙根下与墙外稻田间，铺垫堤岸，添修护脚驳岸，以便沿外墙下可行走。便道共凑长六百二丈八尺（约1884米）。

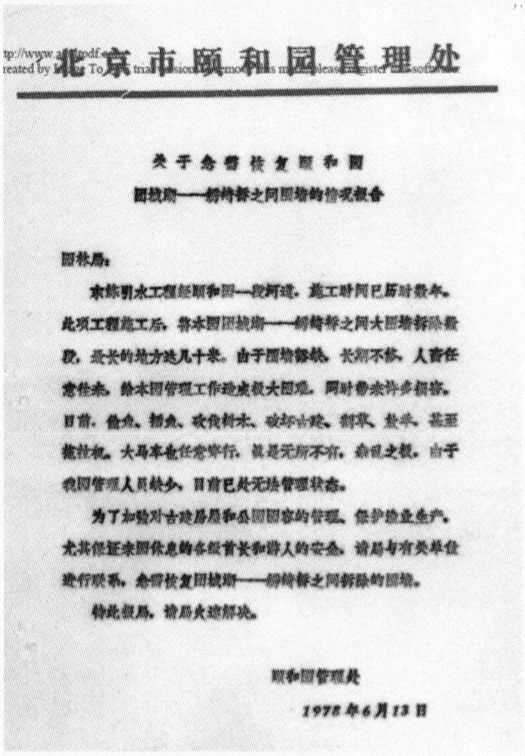

北京市颐和园管理处

关于急需恢复颐和园

团城湖——绣漪桥之间园墙的情况报告

园林局：

京密引水工程经颐和园一段河道，施工时间已历时数年。此项工程施工后，将本园团城湖——绣漪桥之间大园墙拆除数段，最长的地方达几十米。由于园墙缺损，长期不修，人畜任意往来，给本园管理工作造成极大困难，同时带来许多损害。目前，偷盗、偷鱼、砍伐树木、破坏古建、割草、放羊，甚至[illegible]。大马车也任意穿行，真是无所不有，[illegible]，由于我园管理人员缺少，目前已处无法管理状态。

为了加强对古建筑和公园园容的管理，保护渔业生产，尤其保证来园休息的各级首长和游人的安全，请局与有关单位进行联系，急需恢复团城湖——绣漪桥之间拆除的园墙。

特此报局，请局火速解决。

颐和园管理处

1978年6月13日

图九 1978年关于恢复颐和园园墙的请示

四　清代之后的园墙发展变化

民国期间，颐和园园墙屡有倒塌和修缮。1942年，工务局名仓技士主张修复颐和园大墙改用洋灰。洋灰是水泥的旧称，可见当时文物保护思想还存在一定局限性。

新中国成立后，颐和园园墙在保持清代历史格局的基础上，受周边城市建设的影响，园墙长度有所增减。1957年，因展宽颐和园墙外马路，将廓如亭以南一段弧形园墙拉直，园墙内推。1958年，为展宽颐和园园外马路，将颐和园霁清轩东北角园墙切角，实际拆动园墙8米，向内退让64平方米。1973年，新建文昌阁外南园墙一段116延长米。1977年，因京密引水工程，新开颐和园内河道，玉带桥入水口至绣漪桥出水口的西南园墙全部拆除，引水工程完成后修复，但自畅观堂至绣漪桥的西、南园墙外移，扩大了颐和园的面积。

1984年，为了保护东堤和二龙闸石桥，颐和园文昌阁至新建宫门园墙550米延长东移，新建园墙470延长米，并将二龙闸圈入园内。

结　语

从风景胜地到皇家行宫，从皇家行宫到政治生活中心，再到今天的世界文化遗产和旅游胜地，随着颐和园功能的不断变化，其园墙也经历了不断的变化。其次，园墙变化的细节也是我们进行园墙修缮时需要重点关注的，比如，在光绪时期添建东西南三面园墙时，北侧园墙随其他园墙新建增高一次；1905年再次增加园墙高度时，所有园墙都应有增高痕迹。这些隐藏在历史档案中的修缮痕迹是我们在今后的园墙修缮中应当注意的。在修缮中了解园墙的历史沿革，保留其历史痕迹，是维持世界遗产原真性的重要举措。

（孙震系北京市颐和园管理处园林科技部副主任、高级工程师）

参考文献

①《略论清代京西皇家园林及相关建筑中的“虎皮墙”》,《颐和园微览》,2017年。

②《国家图书馆藏样式雷图档·颐和园卷》（全十四函），国家图书馆出版社，2018年。

③北京市颐和园管理处:《颐和园志》，北京出版社，2004年。

抗战胜利后至新中国成立前颐和园的收入问题研究

滕朝阳　赵连稳

从日寇投降到解放军接收，北平市政府管理颐和园事务所总共经历四任所长，每位所长的政治背景、工作能力都不尽相同，在带领事务所展开工作的时候也出现了不同的光景。在短短四年间，颐和园管理方也经历了人事的流转变迁，限于史料无法将他们逐一查定核实，但历史终究是人的历史，颐和园的变迁终究是那批颐和园人经营管理的结果。本文希望通过对颐和园的收入问题的考察，一窥颐和园一方坛城里的沧桑变化。

一　颐和园的经费问题

自1928年南京国民政府接收北平以后，颐和园采取的都是自给自足的财政收支办法。日本侵略者占领期间，为集中财务管理，实施统收统支高度集中的办法。档案显示，1945年12月，市长熊斌还在批准核销颐和园当年7～9月的收入计算书，1946年4月，管理颐和园事务所所长朱沛向北平市政府发出呈请，称颐和园1～3月入不敷出，呈请市政府收回自给自足成命，仍改为统收统支的办法办理。这说明，北平市政府应该是要求颐和园自1946年1月始实行自给自足的收支办法的。

颐和园的收入因季节变化有较大变化，夏季收入会明显高于冬季。但是，1945年的8、9月间恰值抗战胜利，北平治权更迭，特别是9月份日本正式投降，国民党开始接收北平，政局不稳，因此，游人数量大跌。颐和园事务所1945年8、9两月的收支状况见下表（表1）。

表1　颐和园1945年8、9月计算书缴核表[1]

项目	计划	实支（收）	结余（减收）
8月经费	192171.40元	186230.08元	5940.32元
9月经费	185674.10元	183524.10元	2150.00元
8月追加费	387300.00元	382350.00元	4950.00元
9月追加费	387300.00元	382350.00元	4950.00元
8月收入	152680.00元	174892.55元	增22212.55元
9月收入	162480.00元	87579.50元	减74900.50元
8月票券数11441张，9月票券数4777张			

从表中可以看出，本来9月份预计收入会比上月增加，可是事与愿违，9月份收入大减，不及上月半数。两个月的支出情况基本持平。从总的收支情况来看，8、9两月都是支大于收，处于赤字状态，这对于北平市来说是一个财政负担，所以，在1946年开始改统收统支为自给自足就在情理之中了。但是，1月份为冬季，除却收入因游人数量下降减少外，还额外增加了取暖费用。这对颐和园入不敷出的情形是雪上加霜。北平市政府的指导精神是，可由市财政局暂行转借，由市银行拨付，待颐和园收入增加

后归还。“该园一至三月份入不敷出，尚属实情，姑准由财政局转饬市银行暂行垫借一百五十万元以资周转，一俟该园地租收到仍即缴还，至二月份欠发公役之生活补助费九十四万元，应于该园收入畅旺时再行补发。”[2]实际操作时，颐和园借款200万元，北平市银行于3月25日，如数借拨，并订立借约，于4月25日归还。实际上直到5月18日颐和园收入稍稍畅旺，收入增加后，才如数归还北平市银行并随付利息7.3万千元。

面对颐和园入不敷出的窘境，北平市政府在准许拨付200万以资周转的同时，也派出人员前去视察，务使收入确保、支出紧缩。视察人员经过来园调查，形成汇报文件上报市长熊斌，文件指出，颐和园公有职员40人，公役118人。因颐和园辖地宽广，全面照应比较困难，特别是四至九月份为每年游园旺季，现有人数勉强应付。颐和园1～4月2日止，共收入149万元，收支相抵，尚不敷2381490元。虽经市政府垫借200万元，仍欠公役之生活补助费94万元。

经调查，市政府认为颐和园方面之所以出现入不敷出的局面是因为以下几项原因：

1.1944年、1945年两年地租没有收讫。颐和园拥有水旱地五千余亩，理应为其收入的大宗，但是因1944年伪组织改订租额，改货币地租为实物地租后，佃户们表示不满，坚持抗缴，导致颐和园所辖土地两年的地租没有收缴。该园经济窘困，此为重要原因。

2.房租定价过低。颐和园房产极多且房内陈设齐备，惟过去房租定价太低，无论商用及民住，上等每间月200元，中等150元，下等100元。南湖饭店设备完善，风景优美，定价却极低[3]。

市长熊斌接到视察人员的汇报后，给颐和园新任所长陈铭阁发出训令，指出“园收入向以门票、地租、房租及水产等项为主，果能善自整理不独足以自给且可绰有余裕，但以缺乏整个计划致园务废弛，入不敷出。”并根据视察人员汇报提出四项调整收支的措施建议，即催缴地租、提升房租、增加商号提成、提高门票价格。熊斌还要求颐和园方面制定具体的实施办法呈交核定。

1946年5月10日，颐和园事务所编成了《颐和园收入调整方案实施计划书》，呈交市政府。北平市政府在其第五十二次办公会上做了论证并提出了相应的改进方案。根据市政府的改进方案，7月4日，陈铭阁所长汇报实施情况如下：

地租方面制定了“举办登记”“清丈田地”、“更换租照”“奖励举发”等四项措施，因佃户抵制，一直没有收讫地租；房租方面，经按原计划所定等级，并依照合定租额分别通知照缴，截止六月底，租金一项已收115万余元。新佃户各商号租房期限均改为一年，并予房间限制。万寿山饭店房租，自调整后，六月份共收32万6千余元；水产方面，园产蒲草、芦苇、荷叶、莲蓬等项也于6月28日开标，此项收入，较之上年超出三十七倍有余；商号提成方面，除美容、绿野两摄影社仍照旧章提二成外，所有各食堂提成办法，援照摄影社标准自六月份起，恢复总计调整后，六月份收入85万余元；另有存车收入1万7千余元[4]。综上，除去游园旺季到来的因素外，所有颐和园为增加收入的实施计划中，除地租一项，其余均得以贯

彻实施，并取得实效。颐和园入不敷出的窘境暂时得以缓解。但因季节变化和地租欠缴两项，游园淡季的收入往往不抵支出，再加上通货膨胀严重的因素，每每在寒冬时节颐和园的经营会陷入困境。

1947年12月28日和1948年2月7日，北平市市营事业清查委员会派出由参议员王春熙、黄渤、谭英年组成的清查小组两度赴颐和园清查园产，并形成了报告，该报告对颐和园经营经费问题有比较清晰的阐述。“颐和园隶属于本市市政府，为市营事业之一，但其财政收支仍属自给自足，收入部门计分票价（门票、钓鱼票、陈列馆参观券、船票）、地租、房租、水产（包括鱼虾、蒲苇荷莲）、万寿饭店（土产部）及商业提成数项”。参议员们对于许星园所长的工作表示了嘉尚，同时也提出了改善园务的办法建议，其中暂缓将四十顷地划归清华及增加门票票价两项建议对颐和园收入有较大影响。

颐和园的门票价格、房租价格因通货膨胀严重，在抗战胜利后至新中国成立前数度调整，每次都是翻倍增长（表2、3）。如下两表所示：

表2　颐和园静明园入门券价表[5]

（中华民国35年四月十七日）

票价种类	原价（元）	新价（元）
颐和园游览券	100.00	200.00
半价券	50.00	100.00
军人券	10.00	50.00
甲种团体券	40.00	100.00
乙种团体券	20.00	50.00
学校券	20.00	50.00
玉泉山普通券	40.00	80.00
半价券	20.00	40.00
军人券	10.00	20.00
学校券	10.00	20.00

表3　颐和园、玉泉山拟增加各项游览券价目表[6]

（中华民国35年八月重订）

票价种类	原价	拟增新价	备考
颐和园游览券	200.00	400.00	
普通游览半价券	100.00	200.00	
军人游览券	50.00	100.00	
甲种团体游览券	100.00	200.00	20人以上
乙种团体游览券	50.00	100.00	100人以上
学校团体游览券	50.00	100.00	50人以上

续表3

票价种类	原价	拟增新价	备考
甲种游船券	1000.00	3000.00	每次每船不得超过30人
乙种游船券	1000.00	5000.00	每次每船不得超过10人
颐和园丙种游船券	1000.00	1000.00	每小时价目1000元
玉泉山普通游览券	80.00	200.00	
普通游览半价券	40.00	100.00	
军人游览券	20.00	50.00	
学校团体游览券	20.00	50.00	

二　许星园发展园务计划的夭折

颐和园自1946年1月始实行自给自足的收支办法后，因地租长期难以收讫、门票、房租等受到通货膨胀压力，所以经费长期困难，维持园务尚且困难，就更谈不上发展公园事业了。1948年3月9日，许星园曾上呈市政府要求改变这种局面。“本所自三十五年一月奉令改为自给自足机关，唯因物价迭涨，各项收入不能比例增加，财政情形日形困难，关于行政经费尚能缩减，员额节约消耗费用以来，勉强自给。而事业发展维持等费则更无从筹措，以致若干重要事业因而停顿。诸多必须工程，任令拖延，长此以往，不唯本所行政效率难责成效，即所经营各项文物建筑势必因就不修整而日就残毁！本年度本所经费既经列入本市自治预算，为谋事业发展，藉资保护文物、保养建筑古迹起见，拟请准将本所经收各项收入全部拨作本所事业基金，所需行政经费另由钧府统筹发给。如遇特殊工程，事业基金仍或不敷时，则视实际情形，临时呈请补助。”⑦

许星园的这份建议一旦施行，对于颐和园事业的发展是大有裨益的。上报市长何思源后，何思源批示园务经费申请中央批复，而在未批复之前，仍以收入为支出费用。1948年10月刘瑶章任市长时，已经将颐和园等市营单位的财政收支办法改为统收统支，并于1948年下半年已经实施。之所以调整收支办法，与国民党统治区财政困难，需要集中财权等因素密切相关。而许星园发展颐和园事业的财务办法也因此无法施行。

三　颐和园土地租佃中的“强佃”现象

1947年5月10日，颐和园方编呈的《颐和园收入调整方案实施计划书》中指出，“原订（田租）数量本极低微，后以各佃户屡请减租，当经转呈市府所有三十三年度应征食粮，准减按四成征收。三十四年度应征食粮准减按八成征收。迭经派员前往催缴而各该佃户仍复意存观望，抗不缴纳，似此玩忽法令，抗命不交，不惟本所收入无着，抑且有损官方威信。”⑧面对“强佃”的强硬态度，作为地主的政府做出了让步，竟然仍未收缴上地租，以致使颐和园“收入无着”，财务上入不敷出，官方威信扫地。租种颐和园土地的佃农们强势可见一斑。

管理颐和园事务所作为北平市政府直辖的机构，除一般公园事务外，还兼理北平市西郊的土地问题，其所属的土地主要分布在静明园、颐和园和圆明园及其周边范围，占三山五园地区的大部分区域。“颐和园昔为禁苑，自民国开放售票后，历经整顿扩充，以前收入可占全市总收第三位。”⑨颐和园属于北平市市属营业，其收入在全北平市公有营业项目中位列第三。在颐和园的所有收入项目中，地租收入仅次于门票收入，占有相当比重。但是门票因为时令、时局变化，具有极大的不稳定性，因此，地租成为颐和园收入最稳定的来源。1944年，日据时期末期，因通货膨胀严重，颐和园地租改钱征粮，由货币地租变为实物地租，分水旱两种各上中下三则征收水稻和玉米。每水田一亩，上则稻米三十市斤，中则二十五市斤，下则二十市斤。旱地上则玉米二十五市斤，中则二十市斤，下则十五市斤。抗租不缴的“强佃”现象，自此事件始——园方倚重地租收入，而佃户不堪其重。日寇投降后，接收颐和园的北平市政府继续按日伪当局制定的租额追收陈欠，在增加佃户经济负担的基础上，又触伤了民族情感，主佃双方持续对立。

自1946年北平市政府接收颐和园始，管理颐和园事务所先后数度与佃户代表议定租额，直至1947年3月，因市政府组织力量基本完成了对颐和园田亩的测量，掌握了一手资料。佃户们怕其转租代租等违法情事暴露，不再一味抗缴，颐和园事务所也不再坚持按收获量的30%征收，随着国家法令的颁行，主佃双方各为自身利益做出妥协，在租额数量上达成了一致：上则地二十八斤，中则二十四斤，下则二十斤。

1947年12月12日，颐和园所辖佃地佃农们向颐和园提出了更换知照的呈请。从这份呈请看出，官方统计的颐和园佃户300多户的数字显系失准，其所辖佃地的佃户已经多达600余户。各大佃户借不愿与日伪组织发生关系为名，规避了转租、分租的事实，因长时间内，永佃权转卖又没有及时更换地照，所以出现了“未更名者不在少数，又数户或十数户共执一照”的混乱局面。国民政府严查转租、分租的命令下达后，那些面主们因惧怕承担法律责任，所以着急更换地照，将自己名下的佃地，归到实际佃权人名下，从而减轻地租负担。佃户们在呈请更换知照的同时，再次将其永佃权做了说明，以表达其对永佃权利的重视。无论是地照还是永佃权，其实质问题都是地租租额的问题。提出更换地照申请，实际是佃户特别是大佃户害怕转租、分租等违法行为，使其失去永佃权。申请更换地照是佃户们在地租问题上做出的一次妥协。

颐和园事务所在接到佃户们的换照申请以后，随即制定了相应更换地照、额定地租的办法，于1948年1月26日上呈市政府请求批示。租照的换发意味着佃权确定，意味着租额确定，主佃关系重新确定，北平市政府管理颐和园事务所借清丈地亩之机重新掌握了地亩详情，在主佃关系中掌握了主动权，因此，对一俟地亩清晰之后，种种纠纷不解而解，应纳租粮再无推延抗违之借口。颐和园佃户应缴租额瞬间提高了十倍。

1948年秋，何思源离任前的政绩比较表表明，“本任为整理佃权、确定租佃关系起见，于三十六年十二月拟定《整理水旱田地换发执照实施办法》，呈请备案施行，业经市政会议修正通过，一切准备工作亦经准备完成，俟令到即可付诸实行。”这也就意味着1948年秋季，颐和园佃农缴纳地租时需要按市政府规定的甲永佃权执照、乙租照两种等级缴纳，甲种执照持有者按15%的收获量缴租，乙种以30%的收获量缴租。随着此办法的实施，颐和园土地租佃中的“强佃”现象亦随之消失。

北京市档案馆藏颐和园民国档案翔实而完整地记录了颐和园所属土地的租佃历史。这充分印证了历史学者们不断论证的中国近世佃农经营具有独立性的论断。过去的研究多是通过海量但零碎的历史资料，通过逻辑推论和法理论述，来说明佃农经济的独立性。而民国颐和园档案对“强佃”现象的真实再现，让佃农经营具有的独立性，在主佃关系中处于一定程度的强势地位的历史真相更加丰满。

北平市政府在处理“强佃”问题上所表现出来的强硬态度，背后有着多重原因：国民党当局穷兵黩武，忙于内战，财政入不敷出，地方财政更是吃紧，因此，需要广泛开源；地租收入是各级官员贪墨的重要财源；国统区通货膨胀严重，解决生存问题的实物地租粮食成为硬通货；解放战争后期，解放军大兵合围，粮食供应短缺，颐和园收缴的租粮成为政府职员食粮的来源之一，市政府曾一度从颐和园调拨粮食分发公务员。佃户方面亦表现出强势一面，一是因为颐和园佃地之永佃权形成具有特殊性，从清政府、北洋政府、国民政府、日伪政府再到国民政府，期间政权更迭频繁，经济关系复杂；二是因为日伪组织的苛刻盘剥，激起了广大佃户的斗争意识和对抗精神；三是因为1946年北平西郊水灾频发，致使佃户们收获了了，威胁生计；四是北平市政府及辖下管理颐和园事务所大部分官吏办事烦冗拖沓，缺乏解决问题的决断力和智慧。

（滕朝阳系北京联合大学应用文理学院历史文博系研究生）

注释

①《北平市政府管理颐和园事务所关于呈送民国三十四年度七、八、九三个月计算书表缴核表的呈及市政府准予核消的指令》，北京市档案馆，档案号：J21－1－1544。

②《北平市政府管理颐和园事务所呈报卅五年经常支持情况并申请借款的呈及市政府批转市银行办理拨款事宜的指令以及北平市银行就拨还款事与管理颐和园事务所的来往公函》，北京市档案馆，档案号：J21－1－1575。

③《北平市政府关于拟定收支调整方案、实施计划书等给管理颐和园事务所的训令及该所呈报的调整方案、清册等》，北京市档案馆，档案号：J21－1－2001。

④《北平市政府关于拟定收支调整方案、实施计划书等给管理颐和园事务所的训令及该所呈报的调整方案、清册等》，北京市档案馆，档案号：J21－1－2001。

⑤《北平市管理颐和园事务所关于调整票价问题的呈及北平市政府照准的指令》，北京市档案馆，档案号：J21－1－1655。

⑥《北平市管理颐和园事务所关于调整票价问题的呈及北平市政府照准的指令》，北京市档案馆，档案号：J21－1－1655。

⑦《北平市政府关于本所经费改由市政府统筹统支事项给管理颐和园事务所的训令》，北京市档案馆，档案号：J21－1－1889。

⑧《北平市政府关于拟定收支调整方案、实施计划书等给管理颐和园事务所的训令及该所呈报的调整方案、清册等》，北京市档案馆，档案号：J21－1－2001。

⑨《北平市政府就总务处长李予衡拟改进颐和、静宜两园业务意见书给管理颐和园事务所的训令》，北京市档案馆，档案号：J21－1－1778。

日伪占领时期颐和园事务所房屋租赁经营初探

李睿

1937年9月4日，日本华北方面军设立以喜多诚一少将为首的特务部，直接负责建立汉奸政权。12月14日，日本人扶植的“中华民国临时政府”在中南海成立。1938年4月17日，临时政府宣布改北平为“北京特别市”，由余晋龢任市长。管理颐和园事务所也相应地成立了一套汉奸领导班子，王兰任所长，于维畦任副所长。事务所的管辖范围也有所变动，除了颐和园以外，日伪时期的管理颐和园事务所还兼管静明园、静宜园，并一度代管圆明园。伪北京特别市公署下辖的管理颐和园事务所在管理各园过程中给予了日本军、政、商各界驻华人员诸多便利和优待。

一　管理颐和园事务所对中国商人房屋租赁的管理

1937年4月5日，居住于中南海瀛台的大兴籍商人刘国权经准与管理颐和园事务所订立租约，租赁静明园内龙王庙、玉泉亭、挹清芬、华严寺等处房屋开设茶点社，不久即遭七七事变，刘国权茶点社内所有家具、货物等在混乱中丢失殆尽。后来“市面渐次恢复”[①]，刘国权筹集资金，另行购买家具重新开业，但事变之后园内游人稀少，营业不振，刘国权认为“惟做商之道，在于长久，去岁虽然不佳，今年或可兴旺”[②]，遂拟定在原有的两年合同基础上续订合同，以求摆脱困境。

1938年3月25日，刘国权呈请管理颐和园事务所，提出续租上述各地房屋继续营业。档案记载：

呈为呈报继续营业事，窃商原在玉泉山静明园内开设权记茶点社营业，距开业未久乃经事变。商在园内所用之家具藤椅等物均被窃丢失一空，以致甚为亏累。今市面渐次恢复，商筹集资本置买所用之家具购齐，拟于最近期间继续营业，为此谨呈

颐和园事务所

所长大人钧鉴

具呈人 权记茶点社刘国权

中华民国二十七年三月[3]

刘国权续订合同的请求很快得到了管理颐和园事务所的批准，然而双方就续订期限问题一度产生较大分歧。刘国权首先提出，请求续订五年合同。管理颐和园事务所坚决地拒绝了这一请求。1938年10月3日，管理颐和园事务所批复刘国权，不同意其续租五年的请求，只允许其在现有合同到期之后续租一年。档案记载

全衔批

第一三号

批权记茶点社经理刘国权

呈乙件 为请准予续订合同五年继行营业由

呈悉。该商请续订合同五年，决不可能。如欲续订一年，则可俟现行合同将届期满时，再行商订。仰知照。此批。

中华民国二十七年十月[4]

刘国权原合同将于1939年4月到期，从此可以看出刘国权想延长合同直至1944年，但管理颐和园事务所只允许其经营至1940年。考虑到战乱影响游人数量，以及权记茶点社目前欠佳的经营状况，管理颐和园事务所每年从其身上榨取的房租费用恐不能落实。笔者猜测管理颐和园事务所打算尽

早结束与刘国权的合约，另找经济能力更强的商人前来承租房屋，以提高房租收入。

刘国权在经营茶点社过程中发现游客多有询问景点风景照片者，他决定以此为契机打开局面，走出困境。1938年4月，刘国权再次呈请管理颐和园事务所，请求准许权记茶点社附售景点照片、地图、玩具等物，“以茶点同类，遵章提交，以增游人幸趣，而振营业。”⑤同时，刘国权以经营状况不佳、七七事变损失惨重等为由，申请降低租金。对此，管理颐和园事务所对新合同中的租金数目、缴纳方式等进行了规定。档案记载：

谨查权记呈请核减租金添售照片、继续借用房间等情，现值奉令增加房租之际，该商前借用挹清芬西二间房，并其他地基等，拟抵中订价月租十元，于每年春夏季营业较往时缴纳六个月租金，其余半年可勿交租，以恤商艰。如仍用华严寺房间时，则须另订租价。营业收入二成提成，自应照旧办理。至添售照片一节，应无庸议。可否之处，理合签请⑥。

从该呈文中，可以发现刘国权申请减租的时间正是管理颐和园事务所为增加收入，下令增加房租之时，管理颐和园事务所当然不会全部接受刘国权的请求。为了调和双方的矛盾和分歧，事务所拟定了一个看似“折中”的方案，即订定月租十元，每年只需交租半年。华严寺房租则须另订租价。除此之外，营业收入所得20%提成要照旧上缴事务所。这样一来，事务所从刘国权处，实际上强行获得了几条收入来源，刘国权受到了房租和提成的双重剥削。

1939年4月22日，管理颐和园事务所就事务所与刘国权订立续租合同事宜呈报北京特别市公署核准备案。档案记载：

呈为呈请事，据静明园内权记茶点社商人刘国权呈请续立合同，继行营业等情前

来，查该商兹经承租本所所属静明园内玉泉亭、龙王庙，及迤南地基一段，计东西二丈，南北四丈，开设权记茶点社，露天售卖茶点凉食，租期二年。本所仅收营业提成二成。该商并备用挹清芬北房西头二间存放桌椅物品。本所不收租金，现在租期届满，据该商呈请续立合同，拟将原合同略予变更。该商承租之玉泉亭、龙王庙，及迤南地基一段及挹清芬北房西头二间，除按原合同仍收营业提成二成外，并拟自二十八年四月至九月计六个月，每月收地基及房屋租金十元。其二十八年十月至十二月，及二十九年一月至三月计六个月，因游人稀少，营业萧条，拟仅收营业提成，不收租金，以示体恤。租期拟改为一年为满。该商在合同期内如无违背合同条件情事，期满准予优先续租。所拟是否有当，理合另拟合同草案，备文呈请

鉴核示遵。谨呈

市长

附呈合同草案一份

全衔王

中华民国廿八年四月廿二日[7]

通过这份呈文，我们可以清楚地知道刘国权续租一事的来龙去脉。第一，旧合同租期为两年，新合同缩短为一年；第二，按照旧合同，管理颐和园事务所只收营业提成二成，别无其他费用，备用存放桌椅物品的挹清芬北房西头两间房屋，事务所也不收租金，而新合同除了照旧征收二成营业提成之外，还加收六个月月租，每月十元。

从新旧合同的不同之处来看，一方面反映出受到战乱影响，管理颐和园事务所经营维持其所辖各园所需经费颇为紧张，事务所不得不想尽一切办法扩大收入来源；另一方面也揭示了伪政权奴役下的颐和园事务所虚伪险恶的面孔，前后相比分明加重了承租商人的负担，却还要假意鼓吹什么“以恤商艰”，其实根本不顾商人的切身正当权益。另外，从上述几份档案的落款时间可以看出，刘国权早在1938年3月就提出了续租的请求，而颐和园事务所直到1939年4月才拟出续租合同的草案。伪政府控制下的管理颐和园事务所办事效率之低下可见一斑。

该呈文后附合同草案一份。合同共计十八条条款，档案记载：

第一条 本商自备资本续租本所所属静明园内玉泉亭、龙王庙及迤南地基一段，计东西二丈，南北四丈，开设权记茶点社，并租用挹清芬北房西头二间存放桌椅物品，专售茶点、凉食、糖果、汽水、洋酒等。不营他业，亦不附售其他物品。

……

第四条 本商续租玉泉亭、龙王庙及迤南地基一段，并租用挹清芬北房西头二间，自二十八年四月至九月计六个月，每月预缴地基及房屋租金，共十元，应按月预缴，不得拖延。如逾期不缴，本所即按违背合同条件论，取消合同，收回地基及房屋，另行招租。其二十八年十月至十二月，及二十九年一月至三月计六个月，因游人稀少，本商营业萧条，故本所不收租金，以恤商艰。

第五条 本商每日营业收入数目，应于晚间具报单送交本所会计查账盖印，并将营业收据账单之第二联缴本所经租室备查。月终按流水账结算一次所有全月营业收入总数，内应由本所提取二成。该项提成之款，

应按月清缴，不得拖欠。如有外客欠账，概归本商自理，与本所提成无关。

第六条 本商营业账簿，本所得派稽查员随时检查，如有隐匿不实之处，应由本所酌量议罚。

第七条 本商售卖各种食品价额，至高不得超过市价十分之五。如定价有不合宜时，得由本所核减。

……

第十条 本商租用之房屋，不得随意拆改。如有渗漏损坏须修理时，应由本商报明本所查勘，同意方准动工。一切修理费用均归本商负担，无论何时不得藉词向本所有所要求及任意改修。

……

第十二条 本商工役服饰务须整齐，饮食品务求清洁，以壮观瞻而重卫生。如本所认为有不合宜之处，得随时督促改善。

第十三条 本商雇用员役，概由本所发给铜质符号佩带，以便出入园门。但本商应负担保责任该员役等应遵守园内一切规定，如有违纪，经本所查出后，立予驱逐。本商不得袒护。又除本商及其雇用员役外，不得随意带人进园，以免妨及本所票收。

第十四条 本所员役如有勒索留难本商情事，应由本商报告本所严惩。

第十五条 本商按照合同，应负各种责任及其他违法行为，概由铺保担负全责。该项铺保由本所随时查核，遇有不适宜时，得责成本商另觅妥实铺保。

第十六条 本合同以一年为期，本商在合同期内，如无违背合同条件情事，期满准予优先续租。

……[8]

这份合同有多项条款对承租商人有所不公。第一条首先就规定权记茶点社除了经营茶点、凉食、糖果、汽水、洋酒外，“不营他业，亦不附售其他物品”，最终以合同条文的形式拒绝了刘国权附售照片、地图、玩具的请求。第四条重申了房租数目及缴租方式，并列出违约惩罚办法，即“收回地基及房屋，另行招租”。笔者认为，颐和园事务所其实处心积虑想要尽快另行招租。

第五、六、七条条款控制住了承租商人的经济命脉，使每月20%的提成成为必须按时按量缴纳的款项，不受当月营业亏损影响；茶点社的营业账簿，受事务所稽查员的监督检查，这一条保证了事务所每月的提成，也即有了“固定收入”。值得注意的是，事务所只管将自己每月应得的提成固定下来，却不管茶点社经营状况如何，刘国权因此受到了残酷剥削。第七条更是明目张胆地规定茶点社商品的最高价格，竟只有市价的一半。商品价格定得如此之低，本就处于亏损状态的刘国权必然会血本无归。

在后面的条款中，颐和园事务所又规定租房期间房屋出现损坏，一切维修费用均由刘国权承担，这在无形之中又一次增加了刘国权的经济压力。关于合同责任人即铺保的安排，事务所也是占有绝对主导的地位，可以随时检查，甚至拥有更换铺保的权力。

相较而言，承租商人刘国权在合同中完全处于被动地位和任人摆布的处境。

该合同能够体现公平的条款，只有第十二、十三、十四条，制定了茶点社店员的上岗规范和行为准则。其中第十四条表面上可以说是刘国权在整个合同中唯一的维权法宝，但它仍然经不起推敲。原因在于事务所人员勒索刁难了刘国权，惩处相关人员的还是事务所。事务所不肯以第三方作为惩处违约方的人员或机构，就可以看出其根本没有诚意维护刘国权的正当权益，其所谓“违约”与否，最终解释权始终紧紧握在事务所手中。

迟至1939年5月20日，颐和园事务所才呈请市公署准予按照合同草案拟具正式合同。1939年度，刘国权共缴纳房租六十元，营业提成共计四十六元九角十分，按合同规定，1939年度管理颐和园事务所单从刘国权权记茶点社一家商铺就榨取利润六十九元四角。

这一次尝到甜头以后，管理颐和园事务所接连同意了刘国权的后两次续租请求。两次各立一份租期一年的合约。值得注意的是，后两次的租约，颐和园事务所又一次进行了修改，将月租上调至三十元。租约一直持续到1944年，前后共五年，一共收取刘国权827元。

无独有偶，1942年5月25日，商人于子清呈请颐和园事务所，请求租赁颐和园内鱼藻轩开设经营冷食茶点社。管理颐和园事务所拟定月租三十五元，从6月1日开始缴租，并上报北京特别市公署核查备案。市公署下达指令，令租期最好定为一年，则一年租金共四百二十元。由于该条史料内容较少，我们暂时无法从中获取更多有效信息。但只要和同时期管理颐和园事务所对租赁颐和园内房屋的日商所立的租约合同相比较，就可以立即看出日伪时期管理颐和园事务所投敌卖国的本质。

二　中日商人房屋租赁管理的对比

就在中国商人刘国权提出续租静明园内数个景点房屋经营茶点社之后半年，1938年10月，驻北京的日商三和洋行代表角谷国三良呈请管理颐和园事务所，要求租赁颐和园西墙外前武备学堂洋船坞以及坞北群房开设汽水制造厂及商店。管理颐和园事务所当即将此事上报北京特别市公署。在致市公署的呈文中，颐和园事务所十分露骨地拍日本人马屁，仅凭日军驻西苑宪兵队队长风野对该商的印象，就断然认为"该商信用尚好"[⑨]，可以放心出租。同样属于日伪政权的北京特别市公署，自然答应了角谷国三良的请求，不久双方即订立租约合同。档案记载：

一、本商（三和洋行）承租颐和园西墙外前武备学堂洋船坞及坞北群房各房屋，计共三百三十间开设制造贩卖汽水营业，以三年为期。期内营业损益，概归本商负责。倘期内有违背租约条件情事，期满后本所在仍欲继续出租时，本商得另行商订租价续租云。

二、前条所列房屋内洋船坞坍塌者八间，坞北群房坍塌者一间，因本商承认担负修缮，故房租略为减低。第一年租金为通用货币三百五十元，第二、三两年为五百元。于租约成立时为起租之日。先交第一年租金三百五十元，第一年满期之日交第二年租金五百元，第二年满期之日交第三年租金五百元。逾期不交者，即以违约论。

三、本商在租房范围内除经营汽水制造贩卖业务外，不得并营他业，并不得有转租倒租及抵押情事，更不得将租房认为铺底报税或私作类似铺底之转移。

四、本商所租之房屋三百三十间为武

备学堂北院一百三十七间，南院一百三十三间，洋船坞四十八间，坞北群房十二间。此外，所有官房及地基，绝对不得占用。

五、本商在租期内不得自行停止营业。

六、本商所租房屋之机构均照原样保存，不得自行拆毁翻修。遇有渗漏、坍塌及其他必需修理各工程时，由本商通知本所查勘，同意酌量修补，其费用由本商负担，但不论所勘任何工程，至期满交递租房时一概不得拆动，并不得借故索要修缮费。

七、本商依本约规定终止租约交还租房时，如有已付租金，未经住满完期者，不得要求退还租金之全部或一部。

八、本商倘有违背租约或发生其他轨外情事，概由铺保担负全责。

九、本租约共一式三份，以一份呈送市公署备案，本所、本商各执一份存查。

十、本租约自呈奉市公署核准校准，双方签字之日起发生效力。

立租约 北京特别市公署管理颐和园事务所

立租约 北京日商三和洋行代表者

角谷国三良本商铺保[10]

管理颐和园事务所与日商三和洋行订立的这份租约，字里行间透露着颐和园事务所对日商的包庇袒护，与刘国权的租约形成鲜明对比。

第一，日商租约中对租期、违约处理办

法的规定，体现了管理颐和园事务所对日商的偏袒。最初，刘国权三番五次致函事务所恳求延长租约，事务所都严词拒绝，只同意续租一年；而日商则轻松取得三年的租约。在刘国权所订租约中，明文规定若有违约行为，则取消合同，收回地基房屋，另行招租；而日商租约则闭口不提取消合同、收回房屋一事，而只是模棱两可地说期满后继续出租时，日商须另行商订续租租价。

第二，两份租约对租价的规定，亦足见日商拥有特权。管理颐和园事务所对刘国权“商订”的租价为每月10元，后又涨价为每月30元；于子清承租鱼藻轩的月租更是高至35元。按每年交租6个月计算，刘国权全年须交租60 ~ 180元，于子清全年须交租420元。而事务所规定的日商租金为年租350 ~ 500元。这里值得注意的是，日商和中国商人租赁的房屋数量有很大差别。刘国权所租房屋，在正式租约中承认的有静明园内玉泉亭、龙王庙及以南地基一段，长四丈，宽二丈；另有挹清芬北房西头两间存放桌椅物品，这些地方加起来不过数间房屋。于子清租赁的房屋，只有颐和园内鱼藻轩一间。而日商租赁的房屋，包括武备学堂北院137间、南院133间、洋船坞18间以及洋船坞以北12间房屋，共达330间房屋，日商租赁了如此数量众多的房屋，年租金却不过500元，平均月租只有约40元。

第三，管理颐和园事务所对日商开设汽水工厂及商店的店内员工疏于管理。对比两份租约不难发现，颐和园事务所对权记茶点社所用员工进行了详细、严格的规定，对店内整洁、卫生提出了高要求，事务所派人随时检查，发现不合格处责令整改；员工若有任何违反园内规定的行为，由事务所驱逐，刘国权不得袒护；刘国权亦不能随意带闲杂人员入园。这样的规定占了租约两条的篇幅，但在日商租约中竟不见踪影，事务所对日商雇用员工无任何规定和要求。

第四，管理颐和园事务所对租约担保人的规定体现了对日商的姑息纵容。刘国权和三和洋行都雇有铺保，且从表面上看，事务所都规定如有违约行为，铺保要担负全责。但是，权记茶点社的铺保必须接受事务所随时检查，事务所甚至可以命令刘国权更换铺保。随意更换铺保的行为，为事务所刁难压榨商人提供了可乘之机。反观日商租约，则没有这一规定。事务所不能监督乃至更换日商的铺保，意味着日商可以采取各种手段雇用对其有利的铺保，万一违约，可以推脱责任。

管理颐和园事务所与日商订立的租约中，本来有一些条文客观上可以起到保护颐和园历史文化景观及文物、财产的作用，诸如日商不得任意拆毁翻修所租房屋，房屋若有损坏，日商须自行承担修缮费用，除了已租房屋之外，日商不得占用其他房屋地基等。这些条文均因租约第八条之规定，成为一纸空文，毫无效力。事实上，日商在颐和园内开设汽水厂，对园内古建筑造成了很大破坏。

日伪时期管理颐和园事务所在房屋出租方面给予日本人特别优待的事例还有很多。档案记载："本园内谐趣园瞩新楼，于本年四月租与日人池田克己，租金为二百六十八元八角；涵远堂于五月租与胡源深，租金为七百四十八元八角，业由本所将应缴租金收讫并开具收据。"[11] 1940年4月，事务所将颐和园内谐趣园瞩新楼租给日本人池田克己，5月又租涵远堂给中国人胡源深。二人租金分别为二百六十八元八角和七百四十八元八角，相差达一倍多。

结 语

日伪时期的北平，从上至下都处在一整套汉奸伪政权统治之下，这个政权是一个对敌人妥协投降、对同胞残酷剥削的政权。在这样的大背景下，管理颐和园事务所的种种行为都体现了日本侵略者征服中国、奴役中华儿女的野心和意志。我们通过发掘档案史料，可以从租赁房屋这样的日常经营中窥见当时整个伪政权的反动性质以及捉襟见肘的窘境。一方面，日本侵略者加紧了对三山五园的掠夺，加速了三山五园的衰落，也使管理颐和园事务所越发难以维持经营；另一方面，管理颐和园事务所为了扩大经费来源，一面阿谀日本侵略者，一面搜刮园内租户，继而形成恶性循环，侵略者获取了最大的利益，普通民众是最终的受害者。

（李睿系北京联合大学应用文理学院历史文博系研究生）

注释

①～⑧《商人刘国权关于订立合同继续营业的呈文及管理颐和园事务所的批示、市公署的指令》，1938年1月1日～1944年12月31日，北京市档案馆藏，档案号：J021-001-01102。
⑨⑩《管理颐和园事务所关于日商申请在颐和园西墙外进行汽水制造并营业给市长的呈文》，1938年1月1日～1938年12月31日，北京市档案馆藏，档号：J021-00-01103。
⑪《管理颐和园事务所为收回圆明园田地并造缴票券数目清单给北京特别市财政局的函》，1938年，北京市档案馆藏，档号：J021-001-01059。

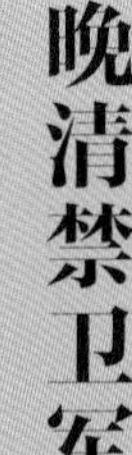

晚清禁卫军与西苑兵营

王密林

一　晚清禁卫军简史

清朝自入关以来，负责宫禁保卫工作的一向是所谓“禁旅八旗”的专职，“庚子之变”后，驻京八旗损失惨重、不复成军，两宫（慈禧太后和光绪皇帝）自西安回銮后，宫廷的保卫一度由新编陆军的第一镇（师）和第六镇“轮流入值”。从光绪三十三年（1907年）起就有编练一支完全被满洲贵族掌握的皇室亲军的倡议。光绪三十四年（1908年）十二月，清廷颁布诏书，正式组建禁卫军，并规定由监国摄政王载沣统率调遣，贝勒载涛、毓朗和陆军部尚书铁良为专司训练禁卫军大臣。禁卫军下设步兵二协（旅），马队、炮队各一标（团），工程、辎重、机关炮、军乐、警察各一队（连）。其中第一协协统良弼，第二协协统王廷桢，马标标统王廷桢兼，炮队统带宋玉珍。禁卫军军官多数来自以满族为主的新军第一镇，兵源也主要是驻京的满族人，另有蒙古骑兵和来自直隶、山东的农家壮丁，总兵力共12000余人，是仿照普鲁士军事制度建立的一支近代化的宫廷卫队，装备有当时中国以至亚洲国家仅有的18门150毫米野战重炮和24 ~ 30挺马克沁式重机枪。禁卫军建立后，新军第一、六两镇轮番守卫宫廷的任务移交禁卫军承担。

禁卫军筹备之初，便在京郊寻找屯驻之地，载涛等在《奏定营制饷章》折内奏请在西郊已荒废的畅春园及西花园旧址上建立禁卫军的屯驻之所。不久，兵营开始建设，相对于北苑、南苑的驻军营房，这个兵营被称为“西苑”。有了这座西苑兵营后，兵营所在的颐和园东部地区才开始被人们叫作“西苑”。西苑兵营于宣统三年（1911年）底建成，禁卫军的步队第一标的一营、四标全标、炮标全标、马标六队，以及工程、辎重、警察各营队陆续进驻新落成的西苑兵营。

在西苑兵营的周边，禁卫军还设立了武库、军米场和军装库等设施。

武库，是指储藏兵器的仓库。汉代置武库署，有武库令丞，掌藏兵器。本属执金吾，晋以后属卫尉，历代因之，到宋代才废。明置武库司，属兵部，清末废。禁卫军屯驻之所定在西苑军营后，为了储存各项枪炮弹药、器具杂械，需要就近建筑武库，乃选定西苑军营之北

的空官房一所，由禁卫军训练处咨由内务府拨给并加以增修，作为第一武库。第一武库存储各种枪炮刀矛器械、炮车鞍套、随枪皮件、工具备份零件等项。第二武库则专存弹药引信之件，为了保证安全，应离民居较远，乃选定西苑兵营西北萧家河购买民地兴修。

第一武库设管库科员一人，以军械科科员兼充，不另支薪，库夫11名。第二武库设库官一员，库夫9名。两武库均设司事生、司书生、库夫目、长夫、伙夫各一名。

禁卫军步队一营驻扎在颐和园北宫门外的松树畦，负责保卫颐和园及第一、第二武库。

禁卫军的军米奉谕发给，每年发给漕米34000石，需要由仓库随时领取，兵营中自应建造军米场，以便存储。禁卫军的服装，每到发放之前，也必须预先储备，以免临时难以取给。因此，照章设立军装库，作为全军服装收发之地。如果军米场、军装库分设两地，不仅需要建筑款项更多，也需要更多的人力管理，故将军米场、军装库建在一处。宣统元年（1909年）夏季，咨行邮传部，征用西苑兵营附近原京张铁路修建车站的未用之地修建军米场、军装库。

军米场设司粮官1员，办理收发军米事务。军装库设制造官1员，办理制发服装事务。军米场、军装库设司事生、司书生各2名，库夫15名，长夫30名，碾工40名，碾骡36匹。

禁卫军的第一武库、第二武库，以及军米场和军装库，均于宣统二年（1910年）八月竣工，员司夫劳役均经酌量选派。

1911年武昌起义后，清廷被迫起用袁世凯出任内阁总理大臣，袁为夺取皇族手中掌握的兵权，添派徐世昌为专司训练禁卫军大臣，禁卫军训练处改组为司令处，冯国璋为禁卫军总统官。中华民国成立后，根据《清室优待条例》，禁卫军保留原编原饷，归陆军部编制，冯国璋继续兼统禁卫军。1914年，禁卫军改编为北洋陆军第十六师，禁卫军的历史正式结束。

二　民国以后西苑兵营的沿革

中华民国建立后，西苑兵营成为负责北京卫戍的中央陆军第十三师的屯驻营房。民国时期驻军军阀部队。其后，到1928年，先后有陆军第十六师、第一二五混成旅，国民军第三师、第十一师二十二旅等部队驻扎在西苑军营。

1928 ~ 1937年，国民革命军第三集团军保安团、陆军第五十三军、陆军第二十九军三十七师师部及其一一旅一部相继驻西苑兵营。在西苑营市街驻有平津卫戍司令部营市局。

西苑兵营的营房建筑是联排式二层楼，砖木结构，青砖三顺一丁砌法，人字形屋架，或人字形屋架弧形券，铁皮屋面，木地板，很具特色。冰心曾写道："海甸楼窗，只能看见西山，玉泉山塔，和西苑兵营整齐的灰瓦，以及颐和园内之排云殿和佛香阁。"

西苑兵营附近为西苑驻军服务的街市被称为"营市街"，位于西苑兵营之北，原为圆明园护军八旗的校军场，西苑兵营建成后逐渐形成街市，由一道街、二道街、三道街、和平街、宣化街、阅武楼胡同、睦邻胡同等街巷组成。营市街在民国年间"戏园茶楼皆备"[①]。据说，尤以三道街、阅武楼一带买卖最盛，多售日用品、烟酒和各类小吃。抗战前，为驻军采买物资方便，军方在西苑营市街设有平津卫戍司令部营市局。

对西苑这三道街、和平街、宣化街的记载，均始自1932年。1947年，地图标为"西苑镇"。

1917年8月14日，北洋政府向德国和奥匈帝国宣战，收回了德、奥在天津和汉口两地的租界，驻扎在北京使馆区的德、奥两国的使馆卫队，天津和汉口德、奥租界的卫队，以及北京至天津大沽沿线，北戴河和山海关等地的德、奥驻军，作为"敌国战俘"，被集中拘留，关入"战俘收容所"。其中，奥匈帝国战俘收容所设在西苑兵营，9月14日，共有138名奥匈帝国的战俘被关进西苑战俘收容所。

中国给予战俘人道待遇，令住在花园一样"战俘营"里的战俘们过着衣食无过忧、优哉游哉的生活。每个收容所都有条件良好的宿舍，军官们还有单独的房间；都配备有卫生条件很好的厨房、专门的厨师，甚至还有酒吧；有浴室、理发室，有修修补补的小作坊。

收容所有设备良好的医务室，设有门诊室、手术室、病房，其中海淀收容所还有环境优美的疗养院。

为了满足战俘们的娱乐活动需求，收容所里还设有保龄球馆、足球场、网球场，甚至有专为他们捡球的球童。战俘们自发组织了乐队，还举行绘画作品展览，甚至学会了打中国麻将。战俘们有通信的自由，也可以收到寄自家人的信函和邮包。

在俘虏收容所病死的战俘被埋在收容所附近，并立有正规、高大的墓碑，上面有照片、逝者的姓名、生卒年月日。

1918年底，第一次世界大战结束，奥匈帝国战俘被释放回国，西苑战俘收容所撤销。

1937年6月上旬，国民政府军事委员会和教育部联合发出命令，全国各大学、高级中学二年级男学生，都要在那一年暑假期间，在当地驻军主持下接受军事训练。北平的适龄学生组成学生集训队，去西苑兵营报到受训。营房地面很干燥、平整，铺上干麦秸或者禾草就能睡觉，不需要床。当时是夏季，一块草席、一张薄被、一片防雨布就可以作为全部铺盖，打成背包只要十分钟功夫。一座营房足够住下一个中队（连），一个连144人（每排48人），整座兵营能住得下五六千人，超过正规部队的一个旅，番号用“北平学生军事集训队总队部”。学生集训队的总队长由二十九军三十七师师长冯治安兼任，副总队长由三十七师一百一十旅旅长何基沣担任，各大队长、中队长、小队长分别由二十九军三十七师的营、连、排长（或副职）担任。

学生们领了武器，剃了光头，穿上灰色军衣，接受军事课目的训练。当时，华北局势已经相当紧张，这次军训也着重实战训练，把制式教练放在次要地位。西苑周围的青龙桥、玉泉山、西山一带都是野外演习的场所。

七七事变爆发后，在西苑兵营内部，空气始终十分紧张。每天大清早，集训队就拉到郊外去“打野外”，直到傍晚才回兵营，以防日本空军突然袭击，造成重大伤亡。为了增强兵力，集训队总队部动员学生自愿报名入伍，入伍后就立即发给供实战使用的步枪、刺刀和少量子弹。集训队的军事训练还是非常紧张地进行着的。在兵营的周围都修筑了简单的防御工事，堆砌起沙包，四周通道都增设了岗哨，规定通行口令，紧急集合几乎每隔一夜就举行一次，一切都处在临战状态中。

7月21日，二十九军军部下令解散学生集训总队，勒令学生们交出全部武器。学生集训总队解散前，由副总队长何基沣发表“告别式”讲话。他满腔悲愤，涕泪交流. 主要是表白他的爱国夙愿，和这次忍痛执行上峰命令、解散学生集训队的不得已苦衷。他认为，中日战争看来是无法避免的，希望不久的将来跟大家在抗日战场上再见。在场的二十九军官兵和学生都感动得热泪盈眶。

7月28日凌晨5时许，16架日本飞机在晓光熹微中悠悠地低飞而来，在西苑兵营投下了32颗航空炸弹，炸毁了部分营房设施。29日，日军占领西苑兵营，二十九军撤往固安，北平沦陷。

抗日战争胜利后，国民革命军第二零四师、二零五师、二零八师相继驻守西苑兵营，直到1948年12月西郊解放。

（王密林系《中国文化旅游》杂志社编辑）

注释

①林传甲著，杨镰、张颐青整理：《大中华京兆地理志》，中国青年出版社，2012年。

仁育宫

玉泉山静明园内的『东岳庙』

徐卉风

玉泉山静明园是清代著名的“三山五园”之一，作为一座历史悠久的皇家园林，玉泉山一直是北京郊外的游览胜地，也最早见于史乘，其历史年轮远长于圆明园、颐和园等皇家园林。历经金、元、明、清四朝的不断经营，在清代乾隆时期达到了其极盛的局面。

玉泉山顾名思义以泉得名，在它的山脚下遍布着充沛的流泉。《宸垣识略》记载：“玉泉山以泉而名，泉出石罅，潴为池，广三丈许，水清而碧，细石流沙，绿藻紫荇，一一可辨。”早在金代，“玉泉垂虹”就名列燕京八景之一。实际上，山下的流泉不止一两处，比较有名的就有十几处。著名的如

图一 俯瞰仁育宫和琉璃塔

第一泉、迸珠泉、裂帛泉、试墨泉、宝珠泉等。玉泉山因为泉水甘洌，风景秀丽，很早就成为历代帝王游幸的地方。

乾隆时期是静明园的全盛时期，除了扩建园林之外，还在园内兴建了大量的寺庙和宗教建筑。在玉泉山西麓的开阔地带就建有一组园内最大的宫殿道观建筑——仁育宫，俗称“东岳庙”。在仁育宫的南北又各建有一组园林寺庙，形成左中右三路布局。仁育宫的四周乔松环绕，环境肃穆之中又充满了园林趣味（图一）。为何要在皇家园林内建这样一组道观建筑，弘历在御制《玉泉山东岳庙碑文》中给出了答案：

京师之西玉泉山，峰峦窈深，林木清瑟，为玉泉所自出，滋液渗漉，泽润神皋，与泰山之出云雨，功用广大正同。爰即其地建东岳庙，凡殿宇若干楹，规制崇丽。以乾隆二十有一年工竣，有司以立碑请稽古制。

弘历曾于乾隆十三年和十六年三度登临泰山和祭祀泰山脚下的岱庙，他认为，玉泉山的环境和泰山一样，是京城水源的所在。在此建庙，它的功能和泰山脚下的岱庙是一个道理，正是皇家园林仿建名山胜境，数典效法东岳泰山的惯例。

图二　仁育宫御碑和琉璃塔

在整个建筑群中，仁育宫居中，坐东向西，前后共有四进院落。第一进为山门，名为“瞻乔门”，左右有角门各一座。门前有三座牌楼围合形成的庙前广场。“瞻乔门”后为二门“嵩岳门”，院内左右建有钟鼓楼各一座。第二进为正殿“仁育宫”，白石崇台上的这座正殿七开间，殿内供奉东岳天齐大生仁圣帝的塑像，上悬弘历御笔“苍灵赐禧”匾额。它的地位犹如岱庙中的天贶殿。在正殿院内有两座高大御碑（图二），左为《御制东岳庙碑文》，右为《御制仁育宫颂》。在英国摄影师托马斯·查尔德（Thomas Child）所拍摄的照片中可见御碑的体量是非常高大宏伟的。

“仁育宫”之后为第三进院落。中为后殿“玉宸宝殿”（图三），殿内供奉昊天至尊玉皇天尊玄穹高上帝像。“玉宸宝殿”通体不用木材，纯以砖石建成，整座建筑黄瓦丹壁，气象宏伟。“玉宸宝殿”是国内现存的几座无梁殿建筑之一。第四进为后罩楼“泰钧楼”。周围环抱有群楼。仁育宫是一座规模较大的道观，也是清代皇家园林对岱庙的直接仿作，在宫廷档案中直接以东岳庙称之。仁育宫在乾隆二十一年（1757年）六月竣工，当月的十九日《穿戴档》记载了皇帝前往主持开光仪式的穿戴：

静明园中（东）岳庙开光，上去拈香。穿全龙褂，戴数珠。戴双层清凉南胚缨冠，穿酱色直径地单纱袍，红青直径地单纱褂，有栓扮白玉四块瓦寻常带，乘四人亮轿出藻园门，至静明园，换红青直径地绣二色金四团金龙单纱褂，雕伽楠香数珠。至中岳庙拈香毕。数珠、全龙褂下来，换蓝直地轻纱衫，松石马尾钮子带。进早膳、办事毕，乘船从旧路回来……

弘历是一位务实的皇帝，他对古来帝王封禅泰山，劳民伤财的举动是并不以为然的，所以，他在《玉泉山东岳庙碑文》里写道：“夫七十二君封禅之说，荒邈无稽，而金泥玉检，登封岱宗，汉唐令辟尚不免侈为

图三　玉宸宝殿和后罩楼

盛仪，动色矜耀，谓合于经所云。”弘历一生前后十次登临泰山，却从未像前代帝王一样封禅泰山。他为泰山题诗百余首，也是中国历史上登临泰山次数最多的皇帝。

御制仁育宫颂言叠旧作岱庙诗韵，有序：

玉泉山西择爽垲地建东岳天齐庙，而名之曰仁育宫。天齐之称，见于史记。东岳岱宗，则虞帝之所柴望也。今祠宇遍天下，明灵扬诩，理大物博，岂非以仁育万汇不崇朝而雨天下。语曰：“泰山不让土壤”，固无往而弗格也。既为碑记以庙落成，兹经过展礼，辄依旧作岱庙韵，以成颂言：

出震尊为五岳宗，配藜布濩岂拘封。
一拳即是扶桑石，五鬣宁殊汉代松。
瑞气氤氲笼玉殿，苍灵肃穆仰金容。
云行雨施崇朝遍，常愿休征佑九农。
巡狩宁当岁屡行，崇祠择近致斋精。
天门东望一诚格，阳德中齐万物亨。
秩长群神孰可匹，功先六子独称兄。
锡禧虽每叨鸿贶，惟励钦承凛旦明。

到了乾隆三十九年（1774年），已建成28年的仁育宫又重新修缮了一次，这一年弘历又赋诗云：

宫观例崇金碧为，年深因事鼎新之。
一忱香炷落成日，上帝居高临照时。
基命惕干申有恪，勑几宵旰奉无私。
敷天万物资仁育，敛锡知艰愿勉兹。

自仁育宫往南，一墙之隔是一座小型佛寺，名圣缘寺，也是四进院落，第一进是山门和天王殿；第二进正殿名“能仁殿”，左右各有配殿；第三进后殿名“慈云殿”。慈云殿左右有两个配殿，有套房连为一体，左为清贮斋，右为阆风斋，这两个建筑都是皇帝礼佛后休憩的赏景建筑。弘历在诗中描写清贮斋幽雅的环境：“背屏张翠峰，前荣罗古树。峭茜喜结构，箐葱中得路。”可见斋左前后古树环抱，苍翠满目，所以弘历题名“清贮”。阆风斋的题名则源于古代神话，“阆风”是道家的仙宫所在。弘历在诗中也写道：“我闻阆风层城巍昆仑，金堂玉室居仙人。”阆风斋内悬挂有一幅《岱岳图》，上有弘历的题句，表达了弘历虽向往神仙的逍遥境界，但作为担负天下的皇帝，却是重任在身，不敢稍有懈怠的“为君难”的感慨。

阆风斋题岱岳图放歌

我闻阆风层城巍昆仑，金堂玉室居仙人。
素威司钲以为节，青雕犍芝以为轩。
必遗世而寂虑，捐五盖之纷纭。
乃可曳离离之云旗，鸣嚳嚳之玉鸾。
银汉亦可，防匏亦可扪，是惟托想像又何有。
夫玉泉山右之云轩。
然其山则嵚崟巀嶭，泉则濈濈潺湲。
有树茏葱，有鸟管弦，则何不可游瑶台之列仙。
五岳未遍图，岱宗图独存。
忽然回忆我亦登其巅，太白高致非吾事。
孔子小天下，我则天下之大，一已弗仔肩。
是中一民一物，不得其所皆吾惭。
呜呼任巨责重，岂不艰防，那更寄兴旷达空言。

慈云殿之后第四进为塔院和五色琉璃塔（参见图一、三）。塔院是整组寺庙的亮点。五色琉璃塔建在四方崇台之上，为八角七级楼阁式，高约15米；下为八角形须弥式塔座，塔身为三层七级密檐式；塔身四个正面拱门内都雕有佛像，各面均布满佛龛；塔身全部用五色琉璃砖瓦镶砌；塔刹为铜制铃铎式；其造型、高度和颜色，与颐和园花承阁的多宝琉璃塔基本一样；因为外观基本一样，所以在许多出版物中这两座塔很容易被搞错；塔后随山势筑有一道起伏优美的墙垣。

自仁育宫往北，隔墙也有一组寺庙园林，名“清凉禅窟”，整体为南北向，自成一院。入垂花门为正殿五间，坐北朝南，即清凉禅窟，殿内供奉有一尊木雕观音，其造型仿自杭州上天竺寺。所以，弘历屡云：“室中奉观音大士肖天竺像为之”。后有抱厦三间，悬匾名“嘉荫堂”。周围有游廊围合成前院。这里古柏干霄，嘉荫环绕。弘历有《嘉荫堂即景八韵》诗云：

古柏干霄上，团团嘉荫连。
阴森低石迳，朗亮噪风蝉。
虚窍既致远，杂芳复斗鲜。
秋堂成小憩，胜境契真诠。
太古山如是，一时兴偶然。
延襟都是爽，得句欲捐妍。

诗正豳风什，书怀无逸篇。
金仙聊缀景，匪欲事求仙。

自前院游廊东行有轩三间，名挹清芬，东带耳房两间。嘉荫堂的后院散布点缀山石，北面正对有仙人台和叠石景观，显然取法于江南私园中的屏山之设。周围的亭台楼阁都以爬山曲廊相连，下有洞壑假山。堂后东为霞起楼三间，西有四方亭名犁云亭和静缘书屋，静缘书屋也是皇帝的读书之所。《陈设档》记载："靠东墙地安紫檀漆桌一张，上设《御制拟白居易新乐府》一部，《御制拟全韵诗》一部。"

纵观清凉禅窟整组院落，建筑高下随山而建，错落于假山叠石之间，是乾隆时期的园林内置假山的佳作。这里为何题名"清凉禅窟"呢？弘历云："佛火香龛，俨然台怀净域，更不问是文殊非文殊。"意思说这里的环境类似于五台山，而不必在意是否是文殊菩萨的道场。清凉禅窟是弘历的游赏园林，佛像更多的是一种点缀，而非专为礼佛的寺庙，用弘历的话来说就是："金仙聊缀景，匪欲事求仙。"所以这座清凉禅窟也是"移天缩地"而来的写仿小园林，同时，皇帝可以在这里"观稼"，验看西郊的农业收成。在农业立国的时代，雨水的多少，时时牵动着弘历的心。所以弘历在题《犁云亭》诗云：

绿甸高低绘麦禾，犁云锄雨较如何。
一年最是关心处，忧为兹多乐亦多。

此诗正是描绘了园外西山脚下的麦田。乾隆二十七年（1762年）春夏间，京师十余日多雨，皇帝在愁烦之余，登亭眺望，吟道：

今春鲜狂风，润溽熙畛间。
却虞多沮洳，吾民兴锄艰。
因悟人间世，美善鲜兼全。
天地犹有憾，奚辞为君难。

雨水的频繁，直接妨碍了庄稼的收成。当好一个皇帝，其实也不容易。为君难三字，也时时让弘历挂怀。民国时期，清凉禅窟殿宇均圮，而假山和乔松还保存尚好。

弘历将泰山的东岳庙和五台山的象征融合于一体，将佛道的建筑巧妙地比邻而居，都是"移天缩地在君怀"的造园理念在玉泉山静明园的突出表现。仁育宫虽然是一座规整的寺庙建筑，但建筑构筑精巧，景观变化丰富，装饰华丽而美观，是"乾隆风格"在玉泉山静明园内的代表之作。

（徐卉风系园林文化学者）

近三年来三山五园研究综述

杨玘　赵连稳

引言

三山五园是对北京西郊清代皇家园林的统称，主要指香山静宜园、玉泉山静明园、万寿山清漪园（颐和园）以及圆明园、畅春园五座皇家园林。自2012年中国共产党北京市第十一次代表大会首次提出将“三山五园”列入首都历史文化名城的保护项目以来，“三山五园”已然成为清史、北京史、社会文化史、园林史以及建筑史等多个研究领域中的热点问题，相关研究文章数量也逐年增长。

关于2016～2018年学术界关于三山五园的相关研究，我们以“三山五园”为关键词，在中国知网上进行检索，得到53篇文章，其中囊括历史、旅游、园林艺术、建筑、美术、新闻、教育学等多个学科领域；以“圆明园”为关键词来检索，得到132篇；以“颐和园”或“清漪园”为关键词进行检索，得到110篇。这里，拟对2016～2018年有关三山五园的相关研究文章加以综述，以期推动学术界对该领域的研究。

一　三山五园整体性研究

玉泉山水系把三山五园连成一体，近三年学术界对三山五园的整体研究取得了一定的进展，发表了一些具有较高学术价值的论文。

（一）专门研究三山五园的成果

三山五园作为清代皇家园林，是清代皇室的主要活动场所，更是许多历史事件的发生之地。长期以来史学界关于三山五园历史的研究都是一个热点。杨剑利的《三山五园与清代太后的奉养》[1]是第一篇系统论述清朝

的皇太后在三山五园内奉养问题的论文。清朝统治者标榜以孝治天下，而奉养太后就是这一思想重要的仪式化象征；除了紫禁城内的慈宁宫、寿康宫等专门奉养皇太后的宫殿之外，清帝在园囿中也专门建有供太后颐养的居处，如畅春园的春晖堂和寿萱春永，圆明园的长春仙馆、绮春园等。作者在本文中阐述了清帝在三山五园奉养太后的发展历史，如太后定居三山五园是如何逐渐变为定制，又是如何随着清朝的衰落而终止的。太后的奉养也关系到三山五园园林的兴亡史，本文对于从侧面认知清代三山五园的发展历史有着重要意义。马维熙的《欣承色笑乘几暇，殿阁随宜永侍亲——三山五园中的清宫太后》[②]一文也论述了清代皇太后的奉养问题，作者以清代九位太后特别是孝惠皇太后、孝圣皇太后、孝和皇太后、慈禧皇太后四位皇太后为重点，对她们各自首幸三山五园的时间以及驻跸情况、园居活动等进行了介绍，认为诸位太后与三山五园的关系因人而异。慈禧皇太后在颐和园的活动明显与其他几位不同，有着园居理政的政治色彩。本文有助于了解清代皇太后的园居生活，更有甚者，能透过皇太后与三山五园的关系窥见三山五园乃至清朝的兴亡史。

三山五园文化景观中蕴含着儒家的哲学、政治、经济、伦理、道德等多方面的内容。赵连稳《论三山五园中的儒家文化元素》[③]一文，介绍了三山五园中儒家文化元素的演变与各元素之间的内在联系。作者以三山五园儒家文化元素建造的时间顺序为切入点，以造园理念为线索，结合清代皇帝的统治思想和造园艺术，对含有儒家文化元素的建筑格局、题额、对联、题记等进行了分析探讨。认为三山五园中蕴含的主要儒家文化元素有“大一统”“勤政”“孝”“观稼验农”等。

赵连稳、乔婷在《清代三山五园地区的买卖街》[④]中，介绍了清代为了满足帝后和皇室人员的好奇心和游赏玩乐的需要，以及满足王公大臣的生活需要、为下层随侍人员提供物质补充和精神慰藉和园林造景的需要，而在三山五园中设立的民间市肆——买卖街。作者分析了买卖街的兴起原因、历史功能，并从园林艺术角度出发，认为买卖街的建筑风格既有仿照江南苏州市肆格局的苏州街，又有典型的北方市肆风格的买卖街，是当时北方文化与南方文化相互融合的皇家园林风格的集中体现。

三山五园作为清朝皇家园囿，有着极高的园林价值。北京林业大学园林学院的朱强等人撰写的《北京"三山五园"整体性研究新思考》[5]，点出了三山五园非同寻常的历史价值，认为目前由于三山五园地区已经融入城市之中，面临着来自城市内部的诸多威胁与挑战，因此"如何科学处理历史园林及周边环境的保护与城市建设的关系，人居环境改善与生态文明建设的关系"，成为当下迫切需要研究的课题。作者先是对三山五园地区的现有研究进行了分门别类的综述，然后尝试从风景园林学科的视角，针对区域发展新的问题与发展需求，对三山五园历史文化片区整体空间尺度上的科学研究方向和内容提出了新的思考。

陈康琳、钱云的《北京西郊"三山五园"文化景观遗产价值剖析》[6]一文，作者对"三山五园"的景观实体与人文思想的相互作用，包括人文思想指导下的景观建设、景观整体折射出的精神内涵等方面进行了阐述，展现"三山五园"的文化景观特征。同时作者将"三山五园"与国内外园林主题的相似遗产地进行了对比，阐述其遗产价值的独特性，探讨其可能符合的世界遗产标准及其真实性与完整性，在探索"三山五园"文化景观遗产潜力的同时，对该地区的保护和管理进行思考。作者认为应按照世界遗产的完整性、真实性要求，合理保护、管理及利用，加强区域整体性、保护手段多样化、强调精神文化价值。水是影响农业生产的重要因素，在封建社会，风调雨顺是国民乃至皇帝的愿望。张鹏飞的《"三山五园"地区的龙王庙》[7]一文，对三山五园地区的龙王庙展开了研究。作者援引史料，分别介绍了畅春园、圆明园、绮春园、清漪园、静宜园和重翠庵、碧云寺附近的龙王庙，其后又详细论述了昆明湖龙神祠的祭祀仪式，认为龙王庙作为三山五园宗教文化的重要组成部分，当前急需加强关于龙王庙祈雨仪式方面内容的挖掘与利用。

三山五园综述类的文章有赵连稳、赵永康的《三山五园周边村落研究综述》[8]一文，分早期、中期与当代三个阶段，介绍了三山五园周边村落的研究情况。作者认为学术界关于三山五园周边村落的研究最早发轫于20世纪初。由于学者们研究视角、研究时段、研究内容的侧重点不同，研究精彩纷呈。

三山五园地区的水系建设对皇家园林的布局和景观设计起到至关重要的作用，如何恢复三山五园的水系呢？李炜民的《"三山五园"水系恢复对策与出路》一文，从三山五园区域水系的历史溯源讲起，分析了三山五园地区的两个主要水源系统——玉泉山水系和万泉河水系自金代以来的情况。认为供水来源、原有山形水系的改变都是现今三山五园地区水系恢复所面临的主要问题，水系的恢复是三山五园保护可持续传承的根本所在。

关于三山五园史料方面的著作主要有：刘阳、翁艺合著的《西洋镜下的三山五园》[9]一书，收录了作者历时数十年从世界各大博物馆、图书馆及私人照片收藏家手上征集到

的三山五园照片中遴选出来的精品照片，经过作者分门别类整理而成，是研究三山五园历史的珍贵图片资料，对于研究三山五园的历史有着重要的史料价值。

中国人民大学何瑜教授主编的《清代三山五园史事编年》，是作者数年来的心血结晶。王开玺在《评何瑜主编的〈清代三山五园史事编年〉》[10]一文中，对何瑜教授主编的《清代三山五园史事编年》一书进行了评介，对该书的极高的学术价值、清晰明确的编写体例、广泛的史料来源等优点进行了肯定，同时也针对性地提出了几点仍需改进完善之处。

（二）涉及三山五园的研究成果

2016年《北京市“十三五”时期加强全国文化中心建设规划》发布，提出了西山文化带的发展构想，此后，西山文化带引起了学者们的关注，因为三山五园是西山文化带的重要组成部分，所以在一些研究西山文化带的文章中，涉及对三山五园历史文化的研究。

颐和园作为三山五园区域中唯一一处世界文化遗产，它的保护、利用和发展与三山五园区域历史文化景区建设息息相关。刘耀忠的《颐和园在“三山五园”建设中的地位与作用》一文，从以三山五园为背景的周边环境调研入手，分析了颐和园在三山五园中的价值与定位，认为颐和园是三山五园的景观核心，集艺术之大成，是三山五园区域的水利枢纽，是三山五园文化价值的核心，是三山五园区域经济的带动力，文章最后总结并提出了五条颐和园在三山五园中的发展路径。

李好的《何谓“西山”——北京西山地理范围的历史考察》[11]一文，通过挖掘金元明清各朝古籍史料，对西山文化带的地理范围进行了界定，确定了核心“小西山”的范围，即今天六环内城西北的部分山地。作者认为应将西山文化带划分为“核心文化带”与“附属文化带”两层，即三山五园为核心的小西山，着重发挥文化景观集中的优势与特色；作为附属文化带即地理意义上的“大西山”，当前要着力挖掘其文化内涵。

林宏彬、吕红梅的《文化中心建设视野下的北京西山文化带开发和利用》[12]一文，引用各家观点，对西山文化带进行了界定，并就西山文化带的开发现状及存在问题进行了全面的阐述，最后还就西山文化带的开发和利用提出了有针对性的建议。作者主张通过以点带面的方式，全面保护和利用带内文化的遗产，充分利用多种手段在社会上普及认知，同时走近社区，动员群众，搜集和保护、开发和利用并举，以实现对西山文化带的科学开发。

王建伟的《北京西山区域的文脉与内涵》[13]对西山文化带做了简明扼要的介绍，讲述了西山区域的历史发展脉络，从魏晋时期的宗教文化到清代的三山五园皇家园林文化的发展变迁，并以贝家花园、香山静宜园双清别墅为主要案例，对西山文化带在革命战争时期所发挥的重要历史作用进行了论述，认为西山是北京的文明之源，是多元文化形态的精品展示窗口，并带有鲜明的红色基因。

样式雷家族是主持中国清代宫廷建筑设计的世家，自康熙时期雷发达这一代开始，此后200多年间清代的宫殿、陵寝、园苑、行宫等主要内廷工程的绘制图样、制作烫样，都出自样式雷家族。早在2008年，刘彤彤、何蓓洁在《中国园林》上发表了《样式雷与清代皇家园林》，为我们介绍了样式雷家族参与清代皇家园林建设的情况。2017年，段伟的《样式雷图档与清代皇家建筑研究》[14]一文，通过对清代宫廷建筑师家族——雷氏家族数代人积累留存下来的建筑档案进行研究与探讨，并在文中简要论述了样式雷家族与三山五园的建造渊源，即三山五园是样式雷各代传人施展建筑创作才华的重要舞台。

二　有关圆明园的研究

圆明园是三山五园中最负盛名的皇家园林，是三山五园的代表和核心。近三年，学者对圆明园的关注度自然高于三山五园中的其他皇家园林。

（一）关于圆明园被焚问题的研究

圆明园作为中国古代皇家园林的杰出代表，其被焚一事一直是学术界关注的问题，也是有争议的热点问题。1981年，方裕谨在《圆明园》（第1期）上发表了《圆明园被焚资料择录》，对记述圆明园被焚情况的资料进行了整理，有力推动了圆明园历史文化研究。王开玺在《圆明园三百年祭》[15]一书中，以历史学的视角、理论与方法，全面地介绍了北京西北郊的三山五园皇家与私家园林建筑，澄清了英法联军焚掠圆明园中的许多史实错误，并就我国向英法等国依法追讨被掠文物等问题，进行了法理与历史事实方面的分析。全书力争修正以往有关圆明园研究中的某些错误观点，还历史以本来面目。

关于英法联军火烧圆明园的时间，一般认为是1860年10月18～19日（也有人认为

10月7日是第一次焚烧）。王珂的《从〈福次咸诗草〉新证圆明园初次被烧时间》[16]一文，根据他在大英图书馆查到的《福次咸诗草》，通过考证认为，英法联军火烧圆明园的时间是咸丰十年八月二十二日（1860年10月6日）。该诗为圆明园当值人员福次咸在圆明园被攻破后，逃难归来，根据回忆所作的纪事绝句十七首。诗中涉及了初次火烧圆明园的时间，因系当事人亲历，具有较高的史料价值。这一资料有助于对圆明园第一次被帝国主义烧毁的具体时间进行考证。作者先是列出了《福次咸诗草》的全文，然后对此前比较盛行的观点进行了辨析，最后得出了咸丰十年八月二十二日才是初次圆明园被烧日期的结论。作者还对当时的历史背景进行了深度的论述。事实上，英法联军焚烧圆明园从开始到大规模行动，前后持续了十多天，期间有过几次小规模的焚烧活动，八月二十二日（也有人认为是八月二十三日）是第一次放火，二十四日是第二次，九月初五（10月18日）是大规模焚烧，并且祸及清漪园、静明园、静宜园和畅春园，大火持续三日不息，烟焰蔽日。

近年来，关于圆明园焚掠到底是何人所为，这一问题又重新引起了学者们的关注。争议主要出于两种"中国奸民焚掠说"：一是英法侵略者为了嫁祸罪责而提出圆明园由"中国奸民焚掠说"；二是部分清人也记载圆明园由"中国奸民"焚掠。王开玺的《圆明园为中国奸民焚掠说辨析》[17]一文，通过例举历史资料如《庚申夷氛纪略》《越缦堂日记补》《罔极编》、以及时人奏折，对"中国奸民焚掠说"进行了一番批驳。作者认为，不论是外国侵略者为洗脱罪责的所谓中国奸民焚掠说，还是当时部分人道听途说记载的中国奸民焚掠说，都"不确有误"。火烧圆明园是外国侵略者在前，附近的百姓和土匪乘乱劫掠在后，外国侵略者才是真正的始作俑者和罪魁祸首。

（二）关于圆明园内景点问题的研究

圆明园由150个景观构成，每个景点都具有相当高的研究价值，但是还有一些景点的具体位置尚未确定。例如"圆明五园"之一的春熙院，关于它的位置问题学术界未有定论。何瑜的《"圆明五园"之一的春熙院》[18]一文，先是对春熙院的历史进行了论述，然后介绍了春熙院的地理位置、命名由来及其中发生的一些历史轶事。他的另一篇文章《圆明五园之一春熙院遗址考辨及其他》[19]，则是针对"春熙院究竟在何处"这一学术界争议颇多的问题进行了考证，作者援引史料，赞同岳升阳《样式雷图上的春熙院》一文中的观点，认为春熙院在长春园之北。希望有学者对此问题继续开展研究。

圆明园作为皇家园林和清帝理政的重要场所，其景观的建造都体现了皇帝的统治思想。程广媛的《从圆明园景观称谓看雍乾二帝的天下观》[20]，认为圆明园内景观的称谓折射出了清朝皇帝的统治思想。文中作者从圆明园四十景命名的角度着手，剖析其寓意、内涵，对园内景观所蕴含的雍乾二帝的"天

下观”进行了探讨，认为圆明园的景观称谓上鲜明地体现了雍乾二帝“德被四海，万方来朝”的天下观。

近年来，利用皇帝的御制诗文研究圆明园景观是圆明园研究的特点。尤李的《圆明园凤麟洲形象的多重书写》[21]一文，主要通过清帝御制诗来探讨其对圆明园凤麟洲形象的书写。在清帝的笔下，圆明园的凤麟洲经过陆续叠加而塑造出了多重形象：它既是避暑佳处、人间仙境、祥瑞之地，又体现出清帝的重农思想。作者认为凤麟洲不仅承载着当时学者文人的斑斑印痕，更负载着清帝的统治理念。尤李另一篇《“洞天福地”说与圆明园“别有洞天”之景观构造》[22]一文，结合道教思想，对圆明园“别有洞天”景观的命名由来及其景观构造作了简要介绍。

刘仁皓等的《万方安和九咏空间再探——为〈圆明园新证——万方安和考〉补遗并商榷》[23]一文，针对端木泓发表于2008年第2期《故宫博物院院刊》的《圆明园新证——万方安和考》一文中有关万方安和九咏空间的论述提出补充和更正意见。作者认为，现存绘画史料、样式雷图样中涉及万方安和的总图、单体地盘画样、建筑烫样等形象史料，能够形成与现存文档的良好呼应，基本证实清代晚期图样中万方安和内檐装修格局与清代中期的承继关系。

为了处理好民族关系、巩固统治，圆明园有许多宗教场所。尤李在《宗教空间与世俗政治的交汇：圆明园正觉寺考述》[24]一文中，对清代档案材料和民国时期的地方志《成府村志》进行参校推证的基础上，考察了圆明园内的藏传佛教寺院正觉寺的陈设、布局和装饰，阐释了宗教内涵、驻庙喇嘛及其佛事活动，揭示了正觉寺在处理清廷与蒙藏关系和巩固统一的多族群国家方面所发挥的重要

作用。

陈支平的《故宫档案中所记载的圆明园内天后宫》[25]一文，以故宫档案中所记载的圆明园内天后档案资料为研究对象，追溯清乾隆皇帝南巡与淮安清江浦惠济祠的建设历史，梳理了嘉庆年间清廷在圆明园内所建供奉妈祖的惠济祠的沿革历史，是一篇研究清代皇帝崇奉妈祖较可靠的研究文章。

陈捷、张昕的《乾隆时期"新样文殊"图像的传播与嬗变》[26]一文，论述了清乾隆时期宫廷造像活动中"新样文殊"图像的传播与嬗变，以五台山殊像寺文殊像为起始，梳理了丁观鹏画像、香山宝相寺、圆明园正觉寺、承德殊像寺系列文殊像的图像生成过程。同时，作者以手印诠释、汉藏仪轨交融、造像细部特征重塑及互借等问题，分析了在政治需求和帝王信仰的共同作用下以藏传佛教为中心的宗教文化对帝室信仰与审美观念的引导和渗透，以及由此引发的艺术风格的嬗变。

常华在《圆明园里的民俗信仰》一文中，从园内建筑、园内的信仰活动、民俗信仰的现实映射几个角度出发，对圆明园的民俗信仰进行了论述。入主中原后的满族统治者在接纳其他民族的土地、人口、财富的同时，也接纳了他们的习俗、习惯与信仰。作者认为，统治阶级在民俗形成发展中起到重要推动作用，民俗信仰是其统治思想的反映。圆明园内的民俗信仰折射出统治者的统治策略、统治思想，反映了清帝吸收各族文化的情况，对研究清史大有裨益。

圆明园内还有一些反映农耕社会的景观，其背后蕴含着清帝的重农思想。余莉、任爽英的《圆明园耕织文化景观》，对圆明园中西北部的淡泊宁静、多稼如云、北远山村、鱼跃鸢飞等耕织景观作了探讨。作者从园林布局、建筑特点、植物配置等几个方面对圆明园耕织文化景观进行了特点分析，根据现状对耕织文化景观的重建、继承与发展提出了一些建议。作者认为圆明园内的这些景区体现了清代帝王对农业的高度重视。此外，余莉在《圆明园的桥梁艺术》[27]一文中，分析了圆明园的桥梁类型及其建筑、雕塑、山石、花木配置。作者认为这进一步丰富了桥的整体景观，更好地表现造园意境。作者认为圆明园的桥代表了清代官式石桥的精湛工艺，彩绘的廊亭无不反映了清代皇家园林的造园水平和时代风貌，具有很高的艺术价值。

贺艳在《上下天光》[28]一书中，全面汇集、解读了圆明园四十景中“上下天光”一景的御制诗文、活计档、样式房图等文字、图像档案以及考古资料和遗址的现场记录档案，用以分析景区的文化内涵、使用功能、历史演变过程等。作者还通过将历年地形图与航拍图进行对比，梳理遗址的破坏与保护过程，并对复原设计工作的分析、权衡、推测过程进行了说明，书中还刊布了大量遗址遗存的勘察、测绘数据，不同历史阶段的复原设计图纸、数字复原效果图、复原准确度评价表，以及景区“现状遗址”与“历史盛景”的叠加透视图。本书作者的研究方法与获得的结论对圆明园内各景区的具体研究有着重要的指导意义。

（三）关于圆明园理政问题的研究

圆明园不仅是清帝游览的场所，更是其处理朝政的地方，因此清帝在圆明园内园居理政的问题成为近年来学术界研究的一个重点。继赵连稳2015年在《北京日报》发表《三山五园是清帝视事之所》之后，刘仲华在《清代圆明园轮班奏事及御园理政的合法性困境》[29]一文中，主要围绕圆明园轮班奏事，梳理雍正至咸丰时期圆明园御园理政在不同历史时期所面临的危机与困境，以期进一步理解清代中央政治的运行方式及御园理政所面临的合法性问题。刘仲华认为御园理政面临的困境，主要有制度成本的压力、双政治中心 —— 政治运行体系的合理性挑战、面对基于儒家政治观念的质疑等，而人们对皇帝在御园理政合法性的质疑与反对之声也一直持续不歇，直至咸丰十年英法联军劫掠京西园庭，对御园理政的质疑才随着圆明园的破败而戛然终止。

何瑜在《紫薇禁地 —— 圆明园》《清代圆明园与紫禁城关系考辨》[30]等文中，也认为圆明园不仅仅是清帝享乐的“夏宫”，更主要的职能是在园治园、在园治国、在园交通天下，是清代重要的指挥中枢。对此，作者在文章中列举了清帝在圆明园中的活动，如推行改革、会见外国使者、指挥作战等，对园居理政进行了论述。

孙思的《圆明园：清代的外交平台》则是主要围绕着圆明园的外交功能展开了论述。作者先是对举行外交活动的具体场所进行了梳理，并一一介绍了清帝接见过的朝鲜、葡萄牙、英国等使团。作者认为，圆明园的外交活动虽然对外国使臣展示了清朝的友好与富强，但也暴露出清朝对外部世界的片面认知以及新外交领域上的不成熟。一些不成功的外交活动也对后来的历史发展产生了一定消极影响。

郭晓娜的《英马嘎尔尼使团在圆明园》一文，根据中西方现存的档案，以圆明园为平台，对英国马嘎尔尼使团访华这一中英关系史上的重大历史事件进行了论述。作者先是讲述了接见使团前乾隆皇帝在圆明园内的安排部署，通过对正大光明殿中围绕八件礼品而展开的中西互动、礼仪之争与督促离京、乾隆帝对于英国礼品的态度以及对英使六项要求的回绝等几个方面的论述，梳理了马嘎尔尼访华的原貌，并将其与其后鸦片战争联系起来，表达了作者对于乾隆帝未能从英国赠送的代表当时世界最先进的科技和工业水平的礼品中，看到中英两国差距、主动学习引进西方先进事物，错过了追赶世界的机遇的遗憾。

（四）关于圆明园遗址保护问题的研究

自1976年圆明园管理处成立以来，这40年中圆明园管理处完成了“迁出去，围起来，管起来”的历史使命。李博的《圆明园发展的新视野》一文围绕圆明园遗址公园的现状、主要优势等几个方面对公园的现状进行了概述，并对圆明园未来的发展提出了恢复山形水系形貌、弘扬爱国民族精神、传播中华优秀文明、提升园区感观形象、深化市场运作能力、规划智慧圆明建设、加强机构队伍管理七个主要方向。

张孟增的《建设圆明园考古遗址公园样板路径的思考》一文，对新形势下如何突出问题导向，挖掘圆明园的自身优势，并将圆明园建设成为国家考古遗址公园的样板等问题进行了研究。作者先是回顾了圆明园40年来的工作成果，其后对圆明园遗址公园的现状进行了分析，最后提出必须要从进一步完善公园的管理体制、确保遗址保护规划的实施、爱国教育的功能、遗址的展示利用、提高休憩服务质量、发展文化研究交流传播等几个途径着手，将圆明园建设成为考古遗址公园。

作为一座“以水为纲”“以木为本”的水景园，水对于圆明园的重要性不言而喻。马作敏、马晓林、周凤娴《圆明园水生态修复研究初探》一文对公园的水文状况进行了概述，对圆明园内开展的水生态修复研究与实验进行了论述，并总结了所取得的成果。

张凤梧、郭奥林的《圆明园遗址保护实践回顾》对圆明园作为皇家园林遗址的特质进行了总结性的论述分析，讲述了自20世纪30年代以来，对圆明园遗址的保护与展示实践中遇到的重难点与问题，最后提出了对圆明园遗址保护前景的展望。

（五）关于圆明园经费问题的研究

圆明园的建园经费是个庞大数字，长期以来未引起学术界的关注。直到2016年，赵连稳在《清华大学学报》上发表了《圆明园经费来源初探》，在《北京日报》上发表了《圆明园巨额经费来源考》[31]，引起学术界较大反响。作者总结归纳了圆明园经费主要来源途径，主要包括内务府拨付、圆明园经营所得、榷关与盐政上缴的盈余银、商人和官员捐献以及罚没等方面，和国库并没有多少关联。肖遥等人在《清代北京皇家园林植物景观与园林经营体系研究》[32]一文中也认为，圆明园岁修工程费用主要由圆明园银库出资，广储司作为补充。而园内荷花地租及零星变卖钱文则充当园内办买供献更烛的经费。圆明园经费经营管理由圆明园银库专门负责。2017年，阚红柳的《圆明园银库:清朝兴衰晴雨表》[33]一文，作者通过圆明园银库这一独特的视角来看清朝的历史兴衰。文章从政治催生圆明园银库开始讲起，对圆明园银库的资金来源、日常管理以及后来存在的问题进行了探讨，并论述了圆明园银库的发展与衰落同清朝国力兴衰的关系。

（六）关于圆明园样式雷图档研究

圆明园研究离不开对样式雷图档的研究，这些图档为了解和研究圆明园盛期时的情况提供了大量可信的重要史料。2016年，白鸿叶撰写的《国家图书馆藏圆明园样式雷图档述略》[34]一文，对国家图书馆所藏圆明园样式雷图档进行了详细的介绍。作者认为，样式雷图档不仅是以样式雷为代表的建筑师们在皇家园林建筑中的创造，更是这个历史时期建筑发展的缩影。孙连娣在《"样式雷"世家与圆明园的春秋往事》[35]一文中也认为，圆明园的建造、扩建、修缮、装潢等，与样式雷家族有着千丝万缕的姻缘，作者在其文中较为系统地论述了样式雷世家、圆明园图档与圆明园的建造。陈红彦、白鸿叶、翁莹芳等人的《国家图书馆藏清代样式雷图档整理述略》[36]一文，对20世纪30年代至2018年来的馆藏样式雷图档的购藏情况、整理研究、修复和保护等进行了系统概述，并罗列了学术界20世纪以来基于馆藏样式雷图档而取得的一系列研究成果与展览情况。

三　有关颐和园的研究

近年来学术界关于颐和园的研究文章归纳起来主要有以下几类。

（一）关于颐和园的建筑研究

颐和园宛自天开的造园艺术，美轮美奂的建筑使其无愧于三山五园景观核心之名。颐和园建园至今两百六十余载，许多建筑的原本面貌逐渐湮没于历史尘埃中。谭烈飞的《佛香阁是依原样重建的吗》[37]一文，探讨了颐和园佛香阁现存样式与英法联军侵略前的照片中的样式不一致的问题，通过对佛香阁现存样式与过去的老照片进行对比研究，据此给出了自己的观点。作者认为重建的佛香阁并不是按照1860年被焚前的那张老照片中四面三重檐的样式修建，而是依照最开始乾隆时期设想中仿照杭州六和塔重建成了八面四重檐的样式。

张秉旺的《清漪园时期乐寿堂形制考辨》一文，将故宫内的乐寿堂与清漪园内的乐寿堂相比较，对两者的形制进行了对比分析，对一些文献中记述的清漪园乐寿堂改缩等内容进行了辩驳。作者认为故宫和清漪园内两个乐寿堂形制差异极大，这种差异不是光绪十三年（1887年）重建之后才有的，而是清漪园乐寿堂建成之时即有的。

秦雷在《颐和园外务部公所考（上）——从初建到完成》一文中，利用相关清代皇家建筑舆图和修缮档案、外务部档案、晚清大臣日记以及外国人来华记述等相关史料，将颐和园外务部公所建筑的历史拆分成四个阶段，详细论述了其建筑在清末产生、发展和衰落的历史轨迹。

孙震的《颐和园宫门建筑群历史沿革探究》一文，将颐和园宫门建筑分成东、北、西、南、新建宫门、便门等区，并分别对其历史原貌和沿革进行了系统分析。作者认为虽然出于历史原因宫门建筑群规制不再完整，但几乎都具备恢复的可能性。

（二）关于颐和园的生态研究

园林是通过改造地形、栽种木植、营造建筑而成。作为世界文化遗产景区的颐和园，除了园内历史建筑的保护之外，最重要的就是做好园内的生态维护。

赵晓燕的《以〈园冶〉理论指导颐和园植物精细化管护》一文，借鉴明代计成的《园冶》一书中的造园思想，试图以其理论为指导，对颐和园现今植物景观进行精细养护。作者先是对《园冶》一书的造园理论进行了概述，其后分析了颐和园不同时期植物景观的特点，即清漪园时期体现帝王意志、写仿江南名园，颐和园时期“玉堂富贵”的雍容气象以及新中国成立后“四时不谢”的调整重建，认为在《园冶》指导下的植物管护应追求景观细节、把控空间比例、讲究视觉效果、强调生态和谐，文章还提出了实现精细化管理的可持续发展路径。

黄鑫在《新旧共生，和而不同 —— 颐和园生态文明建设的华丽重生》[36]（166）一文中，阐述了建设生态文明的重要意义，并介绍了颐和园“天人合一”的古典园林生态美学。作者认为，做好颐和园生态文明延续与复兴，要加强环境教育，增进生态理念共识，与时俱进，保护好遗产家园，加快生态建设步伐，构建生态文明建设，力求经济、生态、社会效益共赢共发展。

（三）关于颐和园文化遗产保护研究

距1998年颐和园成功进入世界文化遗产名录已有20年了，近三年颐和园遗产保护这一研究领域取得了喜人的成果。

张鹏飞的《周边村落与颐和园世界文化遗产保护》[38]一文，系统梳理了颐和园与周边村落的关系，并缕清了宪章、法律、规章中颐和园周边环境的保护规定，作者根据各个不同村落的历史和现实，提出了颐和园周边村落相应的改造与保护建议。

谷媛、孙萌的《颐和园祈寿文化研究与推广（上）》一文，从祈寿文化的渊源出发，阐述了祈寿文化的形成与发展。作者认为，颐和园福寿文化贯穿了其初建、复建始终，寿文化的影响无所不包，无处不在。本文通过举例，论证了祈寿文化是如何通过建筑题名、楹联匾额、彩画等载体得以体现的。

李国定的《价值、保护、传承——颐和园的世界文化遗产保护管理实践概述》一文，围绕颐和园的价值与定位、保护与建设、文化传承与传播等方面展开了论述。作者强调，传承颐和园世界文化遗产应外显于通过原真性展现造园艺术和景观资源，内隐于把握文化内涵和文化传承。

另外，张超的《圆明园颐和园关系初论》一文，从历史脉络、功能地位、景观特点、园林主人和现状出发，探讨了圆明颐和两园之间的共性与关系。作者认为，在新的历史时期下，要把握好圆明园和颐和园的文化引领作用，促进与周边文化的有效整合与协同发展。

（四）关于颐和园重建经费问题研究

学术界关于清末颐和园重建经费来源与数额一直未有定论。颜军在《颐和园重建挪用了多少“海军巨款”》[39]一文中，对颐和园兴建经费的来源、数额及其与近代海军的兴衰关系进行了探讨，对学术界在挪用经费的名目、数额上的争议以及近年来的研究成果进行了综述。挪用的具体数额虽至今尚无定论，但作者在文中对几位学者的观点进行了概括性的总结，认为陈先松“海军衙门经费数额约七百零五万两、海防专款数额不超过六十七万两”是这一问题最新最具体的研究成果。

（五）关于颐和园的水利研究

颐和园位于西山永定河文化带与大运河文化带的交汇之处，由颐和园管理处秦雷主编的《明珠耀“两河”——西山永定河与大运河文化带中的颐和园》[40]，是第一部全面论述颐和园水利历史的著作，从颐和园和永定河的关系写起，详细论述了乾隆时期，开挖樱桃沟、碧云寺、香山至玉泉山引水工程、拓展昆明湖的过程，对昆明湖周边桥闸水务的管理制度也进行了论述。

四　有关静宜园和静明园的研究

关于三山五园中其他三个园林的研究一直是薄弱环节。傅凡的《香山静宜园文化价值评价》[41]一文，从历史名园的文化价值构建出发，以一个更加完整的视角来评价香山静宜园的文化价值。他认为静宜园具有较高的文化价值，仅用传统的历史价值、艺术价值、科学价值三个角度进行评，价不足以全面阐述静宜园的价值。静宜园的文化价值在其作为清代皇家园林的历史地位，以及中国革命关键阶段的历史发生地的价值这两个方面上最为突出。它的社会象征价值对今天维护祖国主权与领土完整、维护民族团结、社会稳定也具有重要意义。随后作者在此基础上探讨如何协调各种文化价值保护之间的关系，对香山静宜园文化价值评估与香山公园的发展做出了定位。该文是近年来对静宜园的文化价值进行深入研究的重要成果。

高云昆的《见证亲密——香山静宜园宗镜大昭之庙》一文，对香山静宜园昭庙的兴建缘起与兴衰历程，以及昭庙中的汉满藏文化交流事件进行了论述。作者认为昭庙是汉、满、藏民族团结的象征，具有丰富的文化价值，其社会象征价值对维护祖国主权与领土完整、维护民族团结与社会稳定具有重要意义。

樊志斌的《论清代皇家园林中的低矮围墙——以玉泉山静明园的园林审美为例》一文，从围墙在中国古代园林艺术中的价值出发，分析了为保证皇家园林的内外审美，配置低矮围墙的必要性与合理性，并且以玉泉山静明园为特定对象进行了进一步的论述。

结　语

综上所述，近三年学术界关于三山五园历史文化的研究继续向前推进，无论在广度还是在深度上都取得了进展。在已经发表的成果中，既有学者从历史学的角度对其进行研究，也有学者从园林学、建筑学、考古学等角度对其进行探究与分析；既有学者对三山五园的整体进行研究，也有学者侧重于三山五园中单个园林甚至是单个景点的研究，总体而言呈现出多角度、多样化的特点。所有这些为三山五园历史文化研究的深入开展奠定了基础，但毋庸置疑的是，三山五园的研究也有一些不足之处。

首先，研究成果总量少。从研究成果的数量来看，目前关于三山五园的学术性研究仍然不是很多，许多领域的研究成果甚少，而且叙述性比较多，学术性显得薄弱，可开拓的空间还较大，希望学者们能更加重视三山五园的研究。

其次，研究不平衡。从研究方向来看，现阶段的研究成果偏重于圆明园，颐和园次之，香山静宜园、玉泉山静明园再次之，而关于畅春园的论文则是空白。不难看出，学术界对于三山五园的研究多集中于圆明园和颐和园，忽视了对于其他几个皇家园林的研究。近三年学术界因响应政府的号召进行了西山文化带等方面的研究，并取得了一些能够对现实发展有所助益的研究成果，对三山五园的整体研究也有一些学者涉及。

再次，比较研究有待加强。关于三山五园的比较研究很少，不仅仅是三山五园内部园林之间的比较研究少，和其他国内外皇家园林的比较研究也很少。

近年来，三山五园虽然已经日渐闻名，但研究的学者大都是北京的高校和科研机构，还没有成为显学，因此研究成果相对较少，特别是比较研究成果更少；圆明园在清代皇家园林中的重要地位，决定了它相较于其他园林有着更加丰富的史料，让它得以成为三山五园研究的热点领域。当前和今后一个时期，学者们应在原有史料基础上多发掘新的史料，进一步加强对三山五园的研究。同时将三山五园与国内外的一些皇家园林进行比较研究，让三山五园研究成果多样化。另外，学者们还有义务配合政府部门做好三山五园历史文化的宣传推广普及工作。

（杨玘系北京联合大学应用文理学院历史文博系研究生；赵连稳系北京联合大学政治文明建设研究基地常务主任、研究员）

注释

①杨剑利:《三山五园与清代太后的奉养》[J],《文史知识》,2017年第7期。

②马维熙:《欣承色笑乘几暇,殿阁随宜永侍亲 —— 三山五园中的清宫太后》,《圆明园学刊2016》[M],第178页。上海社会科学出版社,2017年。

③赵连稳:《论三山五园中的儒家文化元素》[J],《安康学院学报》,总第28期。

④赵连稳、乔婷:《清代三山五园地区的买卖街》[J],《北京科技大学学报》(社会科学版),2016年第32期。

⑤朱强、张云路、李雄:《北京"三山五园"整体性研究新思考》[J],《中国城市林业》,2017年总第15期。

⑥陈静、李娜:《北京"三山五园"地区景观格局研究与分析》[J],《北京联合大学学报》(自然科学版),2016年第30期。

⑦张鹏飞:《"三山五园"地区的龙王庙》,《颐和园》[M],2017年总第13期。

⑧赵连稳、赵永康:《三山五园周边村落研究综述》[J],《北京科技大学学报》(社会科学版),2016年第32期。

⑨刘阳、翁艺:《西洋镜下的三山五园》[M],中国摄影出版社,2017年。

⑩王开玺:《评何瑜主编的〈清代三山五园史事编年〉》[J],《历史档案》,2017年第1期。

⑪李好:《何谓"西山"》[N],《北京日报》,2017年6月19日。

⑫林宏彬、吕红梅:《文化中心建设视野下的北京西山文化带开发和利用》[J],《北京联合大学学报》(人文社会科学版),2017年第15期。

⑬王建伟:《北京西山区域的文脉与内涵》[J],《前线》,2017年第10期。

⑭段伟:《样式雷图档与清代皇家建筑研究》[J],《档案学研究》,2017年第2期。

⑮王开玺:《圆明园三百年祭》[M],东方出版社,2017年。

⑯王珂:《从〈福次咸诗草〉新证圆明园初次被烧时间》[J],《历史档案》,2017年第4期。

⑰王开玺:《圆明园为中国奸民焚掠说辨析》[J],《北京社会科学》,2017年第8期。

⑱何瑜:《"圆明五园"之一的春熙院》[J],《中关村》,2017年11期。

⑲何瑜:《圆明五园之一春熙院遗址考辨及其他》[J],《清史研究》,2017年第1期。

⑳程广媛:《从圆明园景观称谓看雍乾二帝的天下观》[J],《紫禁城》,2017年第6期。

㉑尤李:《圆明园凤麟洲形象的多重书写》[J],《北京科技大学学报》(社会科学版),2017年第33期。

㉒尤李:《"洞天福地"说与圆明园"别有洞天"之景观构造》[J],《紫禁城》,2016年第2期。

㉓刘仁皓、刘畅、赵波:《万方安和九咏空间再探 —— 为〈圆明园新证 —— 万方安和考〉补遗并商榷》[J],《故宫博物院院刊》,2016年第2期。

㉔尤李:《宗教空间与世俗政治的交汇:圆明园正觉寺考述》[J],《北京科技大学学报》(社会科学版),2016年第32期。

㉕陈支平:《故宫档案中所记载的圆明园内天后

宫》[J],《妈祖文化研究》,2017年第4期。
㉖陈捷、张昕:《乾隆时期"新样文殊"图像的传播与嬗变》[J],《故宫博物院院刊》,2018年第2期。
㉗佘莉:《圆明园的桥梁艺术》[J],《北京园林》,2018年第34期。
㉘贺艳:《上下天光》[M],上海远东出版社,2017年。
㉙刘仲华:《清代圆明园轮班奏事及御园理政的合法性困境》[J],《清史研究》,2017第4期。
㉚何瑜:《清代圆明园与紫禁城关系考辨》[J],《历史档案》,2018年第4期。
㉛赵连稳:《圆明园经费来源问题初探》[J],《清华大学学报》(哲学社会科学版),2016年第31期;《圆明园巨额经费来源考》[N],《北京日报》,2016年6月20日。
㉜肖遥、朱强、卓康夫:《清代北京皇家园林植物景观与园林经营体系研究》[J],《风景园林》,2018年总第25期。
㉝阚红柳:《圆明园银库:清朝兴衰晴雨表》[N],《中国社会科学报》,2017年4月10日。
㉞白鸿叶:《国家图书馆藏圆明园样式雷图档述略》[J],《北京科技大学学报》(社会科学版),2016年第32期。
㉟孙连娣:《"样式雷"世家与圆明园的春秋往事》[J],《北京档案》,2018第10期。
㊱陈红彦、白鸿叶、翁莹芳:《国家图书馆藏清代样式雷图档整理述略》,《颐和园:申遗成功二十周年》[M],五洲传播出版社,2018年。
㊲谭烈飞:《佛香阁是依原样重建的吗》[N],《北京日报》,2017年3月16日。
㊳张鹏飞:《周边村落与颐和园世界文化遗产保护》,《颐和园》[M],2016年。
㊴颜军:《颐和园重建挪用了多少"海军巨款"》(上)[N],《中国经营报》,2017年6月26日;《颐和园重建挪用了多少"海军巨款"》(下)[N],《中国经营报》,2017年7月17日。
㊵秦雷:《明珠耀"两河"—— 西山永定河与大运河文化带中的颐和园》[M],国家图书馆出版社,2018年。
㊶傅凡:《香山静宜园文化价值评价》[J],《中国园林》,2017年总第33期。

颐和园祈寿文化研究与推广（下）

赵晓燕　孙萌

颐和园祈寿文化研究与推广（上）见《颐和园》第十二期。

颐和园中的古树种类丰富，万寿山前山后山柏树、松树常青，一方面是因为松柏是本地的乡土树种，且能在冬季保持常绿，给人以生机勃勃之感，更为重要的是“松为百木之长，而柏与松齐寿”，取其健康长寿、江山永固的蕴意。除万寿山，颐和园中以寿文化为主题的建筑群，如仁寿殿、介寿堂、乐寿堂、益寿堂、永寿斋等，大多配以松柏栽植渲染寿文化主题。介寿堂是排云门东侧的两进四合院，在清漪园时是大报恩延寿寺的一座佛堂 —— 慈福楼，帝后拈香后，在此休息。光绪时改名为介寿堂，“介寿”两字语出《诗经》：“为此春酒，以介眉寿”，意为助寿；《诗经》又曰：“绥我眉寿，黄耇无疆”，意为祈寿。介寿堂前院中有两株古柏，其中较大的古柏主干呈人字形连搭，另一株较小古柏的主干正好垂直长在

《万寿庆典图》描绘了乾隆十五年，1751年）十月二十五清高宗弘历生母崇庆皇太后六十岁寿辰的盛大庆寿活动。此图收藏于故宫博物院。

（一）

（二）

（三）

（四）

（五）

人字柏的中间，恰好组成一个天然的“介”字（图一）。院内古树与建筑名称不谋而合，更凸显出浓浓的祝寿意味。再如仁寿殿前宽阔的院子里，种着许多松柏树，点缀着玲珑剔透的太湖石。据《颐和园志》记载：“乐寿堂园内的两株盆栽翠柏，来源于庆亲王进献给慈禧的寿礼。”寄寿意于花木，在清代已成为礼制。

图一　介寿堂介字柏

精神载体

一　园居

在颐和园中，有望不尽、数不清的有形“寿”文化遗产，还有蕴藏在皇家戏曲演出，万寿庆典、祭祀仪式中的无形“寿”文化宝藏。这些宝藏都被深深烙印上“寿”的符号。乾隆时期，清漪园只作为帝王散志澄怀、奉母游幸的场所，主要的政务、礼仪、生活区都在紫禁城、西苑、畅春园、圆明园等处。皇帝临幸清漪园，“辰来午返”并不驻跸，园子的功能也相对简单。档案中记载，乾隆在园中的活动也只限于阅水军、赐游园、接待使者等，娱乐饮宴活动凤毛麟角，唯一有记载的是乾隆皇帝曾在听鹂馆戏台上为母唱戏祝寿，一代天子的孝母之心可见一斑。孝之善举，不仅皇帝本人遵从，而且以他的实际行动召告天下子民万事孝为先的道理。于是有了乾隆盛世，有了乾隆朝百姓的安居乐业，有了皇帝亲自摆下的“千叟宴”，寿与孝成为一种国风和民风。

慈禧重建颐和园后，这里成为第二个紫禁城，是全国重要的政治、军事、文化、外交中心，功能及性质发生了很大改变，帝后的园居生活也随着颐和园各项功能的强化而日渐增多和丰富。在这里，慈禧把饮宴娱戏、万寿庆典等享乐活动发挥到极致。

二　戏曲

清代，戏曲文化通过宫廷的推动逐渐发展，通俗化的民间戏曲走入宫廷，被统治者推崇，戏曲演出嵌入到宫廷庆典和礼仪活动中，成为皇室宫廷生活和园居生活娱乐的重要组成部分。京剧的萌芽始于乾隆时期的“徽班进京”，乾隆五十五年（1790年）是乾隆皇帝八十岁寿辰，为给其祝寿，四大徽班进京，徽班、汉调、秦腔以及其他多种地方戏也在此时大量进入北京，相互争奇斗艳，并在竞争和相互融合中发展，促进了清代戏剧艺术的第一次繁荣。其后的清廷统治者，特别是同治、光绪时期，都对戏曲极为热衷，慈禧太后更是嗜戏成瘾，她听戏赏曲的足迹遍及紫禁城、西苑、圆明园各处。重建颐和园后，清漪园时期遗留下的听鹂馆二层戏台已经满足不了她看戏的欲望，光绪二十年（1894年）在原怡春堂的旧址上建起了一座三层高的大戏楼——德和园戏楼（图二），作为慈禧六十岁万寿庆典的寿礼。戏楼体量庞大、功能齐全，分福禄寿三层，上演的剧目种类丰富，既有应承戏也有法宫雅奏的大戏。慈禧驻园后第二天就必看戏，逢万寿庆典，一连几天甚至数月，满园曲音声声入耳、绵绵不绝。据清宫《万寿庆典》档案中记载，为迎合庆寿气氛，德和园所演出的剧目多与福寿有关，如万寿长春、赐福延龄、箕筹五福、万寿祥平等（图三）。光

勾头　团寿纹

图二　德和园大戏楼

图三　慈禧与德和园演剧文物展

图四 听鹂馆寿膳厅

绪二十三年（1897年）十月初十日，慈禧皇太后万寿节，还曾在排云门外观“福禄寿灯戏”。她对戏曲演出的热衷，造就出几多戏剧名伶，被后人评价为戏剧界的功臣。在一定程度上也推动中国戏曲的发展。

三 饮食

在民以食为天的中国，食物与人的寿命和国家的久治息息相关。自古人们就把对长寿者的雅称与食物关联在一起。如88岁可称为“米”寿，108岁被称为“茶”寿。这两种饮食，都是人日常生活中不可或缺之物，是人类生存繁衍所需能量的重要来源。食物在中国，是美味适口与养生益寿的完美统一，自古就有“医食同源，药食同补”之说，在食材选择、食物搭配、食用功效中，都饱含着生命的哲学和生活的智慧。清代统治者在保留原有民族饮食风俗的基础上，吸收借鉴历代宫廷肴馔精髓，汇入南北方各地区特色风味，招募具高超制作技艺的厨师，为宫廷制作悦目、福口、益寿、示尊之盛宴。在清代统治者中，堪称养生达人的乾隆与慈禧，更是把宫廷饮食文化发挥得淋漓尽致。乾隆皇帝曾在其母崇庆皇太后50岁寿辰时，亲自筹办，献上200余道附有吉祥名的贺寿膳食，如鸡肉三仙面称作三仙拱寿，枣糕玫瑰饼称作安期献寿、紫玉双雎。这些名称是乾隆皇帝为了讨得老母欢心，特命大臣杜撰出来的，有的名称贴切，有的则牵强附会。作为中国千年封建帝制中最为长寿的帝王——乾隆，与他深谙和谐之道、精研福寿之理不无关系。据乾隆《膳底档》中记载，多见鸡鸭等禽类，豆腐、豆芽、豆制品类也是乾隆膳桌上的常客。膳食平衡，搭配合理；饮有节，息有律；再辅以药膳，如八珍糕、寿桃

爱美人士津津乐道。慈禧的万寿庆典，在等级和规模上都极力效仿崇庆皇太后，她在颐和园中建寿膳房 —— 东八所，其中膳房、药房、茶房、豆腐房一应俱全，专门为其提供日常驻园饮膳及庆典时用饮宴（图四）。据慈禧万寿庆典膳单中所载，寿膳筵席有祝福延年益寿的“万寿无疆席”（图五），祝福吉祥如意的“福禄寿禧席”，象征太平盛世的“江山万代席”，注重营养保健的“延

丸等，成就了一代古稀天子 —— 乾隆皇帝。

慈禧作为晚清统治中国48年的最高女性统治者，在政治上，她是反面人物的典型代表，但在养生保健上确是一位不折不扣的“专家”。清宫御膳在她的特别需求下，改良创新出许多富含胶原蛋白的佳肴，佐以花粉、水果等，达到滋补养颜、益气补血的功效。一些菜肴今天仍被

图五 “万寿无疆席”主菜之三“无字散花鱼”

年益寿席”，还有“吉庆有余席”“普天同乐席”等。其中，为慈禧太后祝寿的“万寿无疆席”最具特色和代表性，内含数道冠以吉祥名称的菜品、点心。如以燕窝和鸭子为主料的热菜，还有寿字饼、福字饼、鹤年饼等面点。这些肴馔、筵席无不满溢浓浓的滋补延年之韵味。

四　清漪园（颐和园）祈寿文化的推广

寿文化是从古至今人们孜孜以求的永恒赞歌，是人类追求生命真谛的现实写照，是人类共同的精神动力源泉。各时代对福寿文化的释义虽然有所不同，但“寿”的核心永恒。在当今社会，寿文化是重视健康、尊敬老人、节能环保的一种延伸和扩展。对于寿文化的研究和利用已经成为国内许多地区和景区的文化品牌，并成功运营和拓展为具有文化软实力的经典品牌，如山西寿阳的“中国寿文化之乡”、南岳衡山寿文化节大开发、西安楼观台道教文化区等等，都对寿文化的内涵和外延进行了最大限度的开发，实现了最大价值的产出。颐和园寿文化体系是生命文化、习俗文化、信仰文化、建筑文化、礼仪文化等的艺术积淀，如果经过一段时期的加工酝酿，推出一系列创新展示互动活动，在宣传园史特色文化、扩大社会影响力的同时，必将拉近皇家园林与游客间的距离，挖掘出潜在的消费市场。

颐和园有着优秀的文化资源、社会知名度和文化展示、转化的平台，每年吸引着来自世界各地的游客1400余万人次，为文化产业的发展聚拢了人气，通过对国家宏观发展形势的分析以及对大众游客需求的摸底调查，让我们看到了寿文化在颐和园进行产业化推广的市场前景和创立文化品牌的可能性。寿文化的相关产品开发当以社会公众需求为导向，以寿文化研究成果为基础，以文化创意研发为支撑，以文化产品质量为前提，以科学技术手段为引领，以营销环境改善为保障，以举办展览活动为契机，以开拓创新机制为依托，以弘扬中华传统文化为目的，充分调动线上线下智力资源，建立颐和园寿文化文创平台，按照市场实际需求，制定文创产品研发标准，形成产品库，同时做好评审、监管工作。

1. **开展文化活动**

文化活动的开展要做好年度规划，综合时令节气、游客分众、时令要求等元素，树立品牌意识，形成有步骤、按时定期的文化活动体系，结合时代要求确定不同的主题。

（1）寿文化宣传推广

突出颐和园寿文化品牌效益。在仁寿门、仁寿殿、乐寿堂、介寿堂等名称之中含“寿”字的景区，扩充寿文化主题介绍，增加翔实的文字资料和图像音视频资料。制作二维码，使用手机等移动设备可以实现在线浏览，便于游客将寿文化景区的内容知识分享到社交圈或是网络，扩大颐和园寿文化品牌的影响力。

（2）寿文化研学活动

充分利用颐和园所处区域的文化研究优势，为开发寿文化研学活动提供研学课程的智力支持。鼓励中小学教师成立项目式教研小组，以颐和园内寿文化为主题设置研学项目。努力增加中小学生在颐和园内研学的机会，并突出寿文化作为研学题目之一，让广大中小学生在研学中接受孝老敬亲的寿文化熏陶。

（3）寿文化现代表达活动

开发与颐和园寿文化相关的素材，创造文化作品，尤其是以便于展演的京剧、话剧、情景剧，采取时兴的音乐、舞蹈快闪等形式，活跃游园气氛。充分利用德和园大戏楼京剧摇篮的作用，通过举办颐和园德和园戏曲文化周，与颐和园“颐和秋韵”桂花文化节相结合，开展祝寿戏曲文化展演活动。同时在线上开发制作寿文化为主题的影像作品。可与网络短视频平台对接，加快寿文化的传播速度。

（4）传统节庆与寿文化结合

挖掘传统节庆文化，做好与寿文化相关联的旅游元素营造，做好游客消费预设，根据消费层次制定不同线路，线路上合理设置旅游文创消费商店。如三月三“上巳节”推出“踏春赏花游”路线，环湖赏桃红柳绿，强壮身体；夏季推出“养生消暑游”，举办茶馆票友大会、荷花渡船听曲等文艺活动，休闲养生；秋季推出“敬老登高游”，重阳节开展“登万寿山，过重阳节，吃长寿饭，喝菊花酒”系列活动，设计登高敬老的旅游主题线路；冬季推出“团圆福寿游”，以祝寿路线为主，结合室内寿主题活动，特别是在春节期间居家团圆的时候，可设计“团圆福寿”宴会，并配合团圆主题的戏曲等文艺演出。

（5）利用 AR 与 VR 技术，举办“万寿庆典”体验活动

中国寿文化的重要内容是尊老、敬老，常体现在为寿星做寿上，做寿成了追求长寿的亮丽风景。颐和园万寿庆典等最能体现其寿文化的活动，因为场景宏大，参与人众较多，费用支出庞大，不宜实景体现。因此充分利用 AR、VR 等现代成像技术，通过视听再现的方式，满足观众对于历史文化内容的向往，同时增加营收。比如，可利用立体成像技术，游客可置身固定场景中，即时合成清代穿越照片。

2. 文创产品研发

颐和园在研发寿文化创意产品时，应注重突出颐和园寿文化元素的商品标识，形成统一的文创产品标识，营造浓厚的寿文化氛围，文创产品的研发要注意突出生活实用性，塑造寿文化品牌。

（1）研发长寿用品

开发与寿文化相关的日用产品，突出颐和园寿文化的商品标识，还要适合携带转送。一是可以仿制宫廷的日用品，如杯盘碟碗、被褥毯垫等，提高档次品味；二是可以开发适合老年人的中式风格健步鞋、休闲衫等，还有突出寿文化的手机壳、钥匙链等坠饰挂饰；三是开发长寿枕头、拐杖、寿字团扇、丝巾、手串等常见旅游快销品。

（2）研发寿膳食品

颐和园的“寿膳房”是专门为西太后提供享用的地方，按照档案中记载的寿宴菜单，推出不同档次的寿宴。恢复制造菊花、枣泥、八宝等各种花糕。慈禧太后在过重阳节时，命令御膳房额外为她做菊花、枣泥、八宝等各种花糕上供。开发慈禧太后喜爱的菊花火锅。

（3）研发体验产品

注重开发过程性体验的文创产品，留

下几步关键步骤，让游客亲自参与完成，增强该商品的个人专属性。包括寿宴的制作、文化衫的印制、丝巾的漂染等都可以充分调动游客的过程性体验积极性，以增加商品的附加值。

（4）研发长寿饮品

“菊花白”是明清两代宫廷的菊花酒，重阳节赏菊花美景、饮菊花美酒成为风俗。慈禧太后爱饮菊花酒，以延长自己的寿命，她专门设立了御酒坊，为宫廷制作菊花酒。慈禧太后还喜欢喝菊花泡茶，开发“菊花白”和菊花茶瓶装饮料，配合重阳节登高活动。另外，颐和园还可以开发“延年井”品牌矿泉水。

（5）开发“寿”字产品

慈禧寿字书写流畅，气势恢宏，一气呵成，被后人称为“一笔寿”。七十六代衍圣公孔令贻参加慈禧太后60大寿庆典，慈禧曾经赏赐他亲笔书写的“寿”字。开发慈禧写的“寿”字相关衍生产品，应注重实用性和便携性。

（6）培育万寿山古树后代

培育繁殖万寿山古树的后代苗木，命名为“万寿松”“万寿柏”，传承皇家园林植物血脉，培育带有长寿基因的松柏苗木，形成系列产品，甚至是国礼，将颐和园皇家园林植物文化传播到世界各地。

结　语

颐和园凭借世界文化遗产等得天独厚的优势，依托现代科技网络展示技术和媒体数字传播平台，继续丰富寿文化传播活动，吸引更多的中外游客和社会媒体，共同参与到弘扬中国传统文化的事业中，以期创造出良好的经济效益和社会效益。在社会主义文化大发展、大繁荣的机遇下，继续全面推出“色香味意形”俱全的传统文化饕餮盛宴，打造颐和园文化产业创新发展之路及分众化设计和推广的典范，把颐和园打造成为永定河、大运河文化带上的一颗耀眼的明珠和世界文化遗产靓丽的金名片。

（赵晓燕系北京市颐和园管理处研究室主任、高级工程师；孙萌系中国园林博物馆馆员）

颐和园纸绢文物修复中

——画面固色、加固、去污的探索与实践——

颐和园文昌院文物修复组

引言

中国的书画作品为中国传统文化艺术的代表之一，历经千年，世代相传，处处体现着浓郁的东方文化色彩，而中国书画的装潢与修复，则是伴随着这门传统文化艺术的发生发展所形成的一种特殊的美术工艺，特别是书画修复与书画的工艺关系，可以说是息息相关、紧密联系，这门技艺还被列为非物质文化遗产名录。

颐和园的文物库房中存有一批殿堂中撤回的贴落、隔扇、福寿方、春条、横楣等纸绢文物，多数出自清朝翰林文人之手。这些字画历经百年沧桑，出现了严重的破损情况，表现为纤维脆弱、绢丝松散断裂、起层、虫蛀、霉菌布满画面，画面折损、丢失严重。为了使这批文物更好地留存下来，2016年至今，我们采用了传统修复工艺与现代科学相结合的方式，在尽可能减少影响书画作品质地的前提下，对这批文物进行了抢救性修复工作。在这批书画文物的修复过程中，我们对画面的固色、加固与去污进行了探索与实践，取得了较为理想的修复效果。

一　画心加固，画面固色

在古旧书画的流传与保存过程中，由于历经千百年时间，难免会出现画心脱色、断裂、污渍、霉菌、虫蛀、起层、丢失等各种问题，所以，在修复揭裱前必须将起层的画心固定，将重彩松散的画意加固，然后才能去污清洗，这是修复工作中的一个重要环节。

1. 画心加固是我们遇到的第一个难题，这个问题解决不了，就不能进行下一步的工

一	四
二	五
三	六

图一～三　画心加固

图四、五　画面固色

图六　画面固色原理

作。按照正常修复工作要求，这并不是一个大问题，可是这批修复的文物中，3 ～ 5米的大型贴落占了很大一部分，整幅作品除了丢失折损，还有大面积绢丝翘起、离骨的问题，如果直接除尘、清洗，绢丝和上面的画意会被水冲走丢失，所以，在清洗去污前要用浆水加固翘起离骨的绢丝。由于画面太大，所以找来木板加宽裱画台案，在画心加固时，中间部位加固采用垫上厚宣纸的方式，修复人员趴在画心上进行操作。填完浆子后，需要检查是否全部填好翘起的绢丝，这就需要使用老技师留下来的传统技法，开灯照正面、关灯看侧面的方法，来仔细排查确保没有疏漏（图一～三）。

2. 在画面固色环节中，重彩画的颜色加固也要在去污清洗前进行（图四～六）。关于固色，史书上也曾有以胶加固的记载，对于书画来讲，固色既要保证文物的安全，又要起到实际修复的效果。根据以往的经验，用胶比例过高不仅起不到固色作用，还会在表面形成硬壳，用胶比例过低根本起不到作用，于是我们通过胶液加热渗入法进行了试验，利用热学原理将胶液渗入到加固的对象中，当然热度要适中。根据有关资料显示：丝绢在130^{0}C 高温条件下质地不受影响，我们这次修复的丝绢、贴落已有近200年的历史，绢丝相当脆弱，许多纤维已经断裂。根据论证我们认为，第一，要保持中性温度，

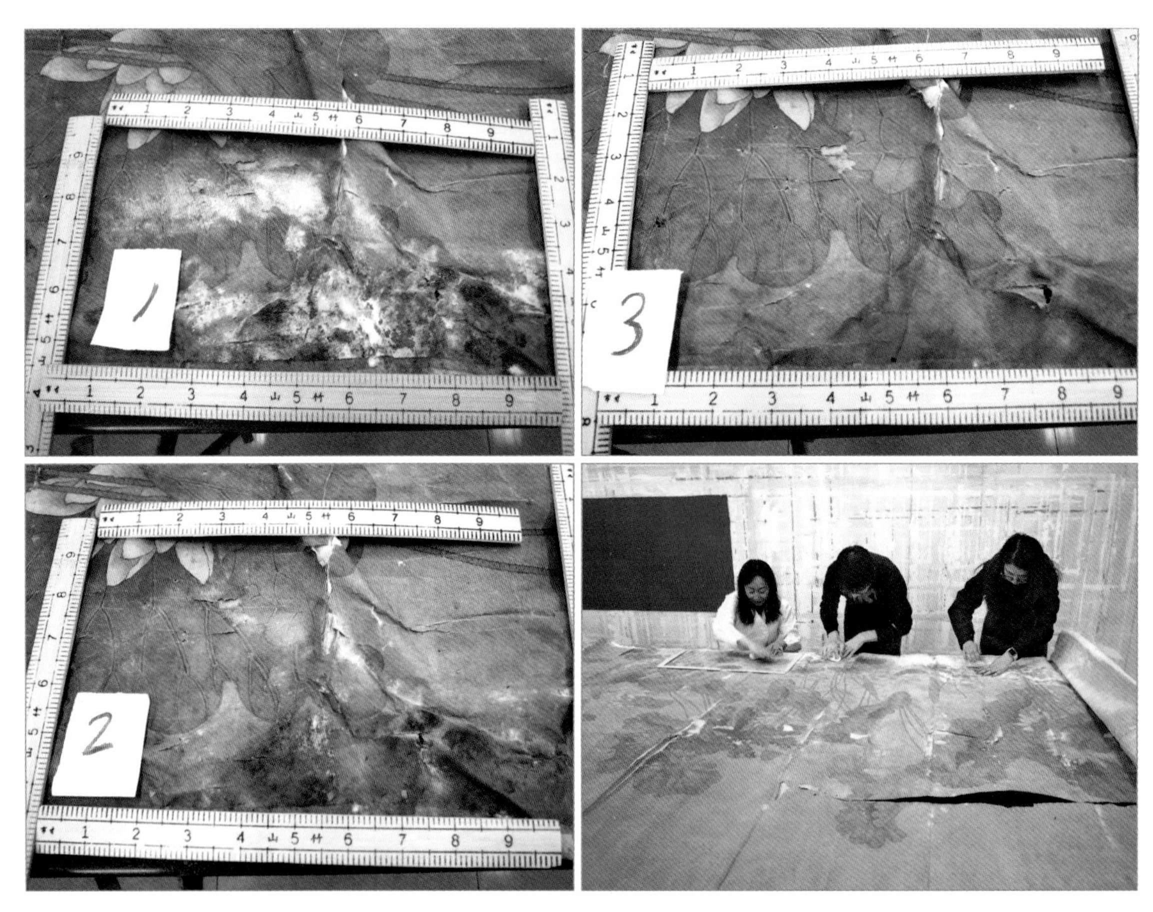

图七～一〇　画面去污

七	八
九	一〇

以保证进行加热渗透时尽量减少对绢丝的损坏程度。第二，加热渗透只是瞬间的过程，不会对其产生副作用。在同一比例的胶液中的黏度同温度的高低成反比例，温度越高胶液的黏度越低，下渗的速度越快，有利于固色下渗的深度。这个原理很简单：胶液在温度上升时胶中分子之间的连接链迅速化解并与水融合在一起；在温度下降时，胶液中的分子又会逐渐恢复了它的连接功能。简单地讲，就是胶液比例、温度、下渗速度（力度）是在固色中应当掌握的三个主要环节。综上所述，我们对此次所用的胶水进行了测试。

我们在这次试验中通过有关资料借鉴了有效的固色方法，取得了很好的修复效果，对于今后修复重彩丝绢文物大面积固色积累了宝贵的经验，同时，也使松散的画质得以加固，对下一步去污揭心工作也起到了安全保障作用。

二　去污

去污是我们在修复中遇到的第二道难题（图七～一〇）。按照以往方法就是用水冲洗，但是，对于一些重彩失胶的贴落，用水洗方法会使得本已松散的色质加速分解，加上水的流动性很可能使表面颜色飘散，如果水温过高画意色彩可能散去丢失。对待失胶、有粉的重彩画，我们用了干洗法。所谓干洗，就是用面团去污。具体操作如下。

图一一　清水去污

（1）面和水的比例均匀，面团揉到表面光亮。

（2）面团中加8%左右的甘油，防止面团黏性过大粘掉色彩。

（3）静置30分钟醒好。这种加了甘油醒好的面团黏合度才是比较理想的去污面团。

（4）将面团分成若干小份，在画面上来回滚动，直到面团变黑。画面经过3次左右干洗后就会发生很明显的变化。

三　水洗法

1.清水去污

我们这次修复中部分书画的表面完好，为此我们用了传统的清洗方法，用不超过60℃的干净温水，先对书画表面进行冲洗，然后用干净毛巾吸走脏水，直到水的颜色变清澈（图一一）。

值得注意的是，每次用过的毛巾要高温消毒和日光消毒，防止霉菌相互污染。

2.酒精去污

霉菌的污染在这批修复的文物中占了很大比例，我们通过用棉签蘸上75%的医用酒精反复擦拭，然后用清水冲洗的方法取得了理想的效果。酒精虽然可以去霉杀菌，但是它会残留在书画中，所以，用清水冲洗的方法是必不可少的。如果只用清水反复冲洗，画面会再次受损，所以，冲洗时画面上要放置化纤纸，防止画面二次受损。

结　语

以上只是在这批书画修复过程中的一些探索和实践。中国书画的装潢与修复如今已经被列为非物质文化遗产名录。这门传统的手工操作技艺也会在颐和园纸绢文物修复中得以传承和弘扬。

铜鎏金太平有象耳部保护性修复

秦涛

文物是由人类和岁月共同雕琢而成的艺术品，是不可再生的文化资源，它凝结了一个民族的智慧才技，又蕴含着天地自然之灵气。然而，在文物的辗转与流传过程中，人力和自然力却双双成为减损其寿命的两大因素。待完善的储存条件、欠妥的养护方案、不合理的搬运方式、日益严峻的环境污染现象……诸如此类的问题皆会导致文物出现种种损伤。这些破坏力虽不像自然灾害那样来势凶猛，但却长年累月地侵袭着文物的健康安全，由细微的量变诱发文物内质劣化，终致文物的历史、科学和艺术价值受到严重折损。对于文物工作者而言，保护性修复是责无旁贷的任务，也是为文物寻找"延年益寿"之法的首要途径。本文以铜鎏金太平有象的除锈工作为实例，旨在结合操作经验，浅谈对于颐和园藏金属类文物保护性修复的认知。

一　修复对象信息概要

这次修复的铜鎏金太平有象为颐和园收藏的国家二级文物，属展现皇家气度的观赏类装饰摆件，曾因原状陈列的需要而展示于文昌院主展厅内（图一）。器物主体为驮载宝瓶的铜质瑞象，象身通体鎏金，其上錾刻出华贵细腻的精美花纹，直观地反映出了

图一　颐和园藏太平有象

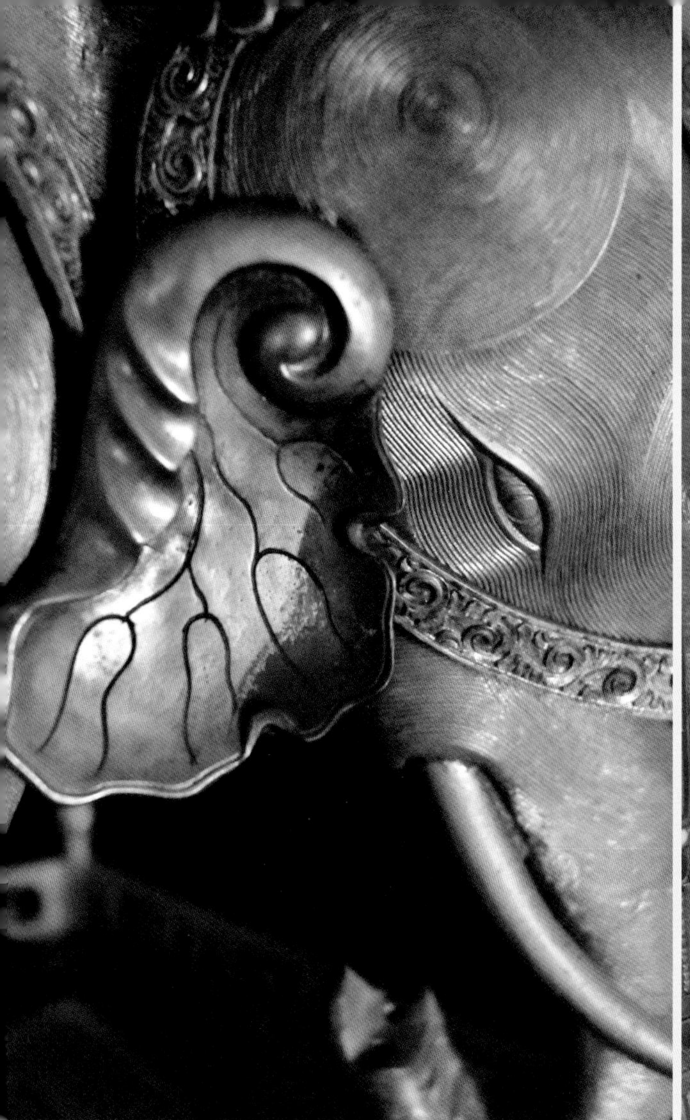

图二　太平有象耳部修复前后

清代宫廷的审美意趣与工艺水平。象在古代被视为祥瑞之兽，因其厚重稳行的品性而受人青睐，常出现于国事典仪及隆重的庆祝场合之中，象征着民康物阜、河清海晏。而“瓶”与“平”同音，故大象所负的宝瓶寓意天下安定，四海升平。此外，设计者巧妙地借用了“薏藏生意，轮回不息”的宗教信念，将此件“太平有象”的象身和瓶体以仰伏莲座相连接，暗述了大清基业万年长青，江山康定世代永传的美好愿景。

该文物在修复前的状况为：基本结构保存完整；器物通体附有少量浮尘；象的右耳处局部脱金，且出现块状及点状锈蚀，锈蚀面积约为5.5厘米 ×1.5厘米，颜色呈暗红褐色和绿色（图二、三）。经修复工作者辨析，块状暗红褐色的铜锈为氧化亚铜；而星散分布的点状绿色铜锈为碱式氯化铜，是一种粉末状的铜类化合物。铜器生锈本属一种正常现象，大气中的臭氧、二氧化硫、硫化氢、二氧化碳等成分皆会在一定条件下与水相互化合，对铜器表面产生影响。铜质文物经年粘附的油脂（含脂肪酸）与微生物也会加快其出现锈蚀的速率。铜器锈蚀物可分为有害和无害两种，铜的氯化物为世界所公认的有害锈，会改变铜的性质，危及文物安全，

图三　修复前后整体对比图

故而此件“太平有象”右耳处的绿色碱式氯化铜必须及时除净。

二　修复方案

（一）工作流程之设置

首先，对接修文物进行全面而细致的观察，判别其出现病害的位置、原因以及受损程度，依据具体情况划定修复范围。其次，通过拍照和填写修复单的方式来准确并详尽地记录下文物在修复前的各种信息（如属性、时代、级别、尺寸、材质、来源、原有工艺、保存现状等），以此作为修复工作的现实依据。再有，查找相关资料，秉承行业操作规范，在理论修养方面拾遗补阙，为此次保护性修复提供最恰当的方案。最后，针对“太平有象”的修复需求，将工作划分为表面清洗、去除有害锈、封护处理、修饰做旧四个具体步骤，进而逐一落实。

（二）修复手法之确定

清除金属类文物锈蚀的方法不胜枚举，古今中外各有所别，主要有物理机械除锈法、超声波除锈法、激光除锈法、化学除锈法、水洗法、电化学还原法、缓蚀剂保护法等。因设备条件限制，物理机械除锈法与化学除锈法目前仍为我国文物保护业界所采取的两项主流技术。传统机械除锈法为，以锋钢刻刀、手术刀、钢针、小錾子、各式小锤或钟表榔头等为工具，由修复者凭借自身经验将锈质手工敲震、剔除或蘸水打磨去除。据“太平有象”的现状来看，机械除锈法显然不能适用，原因有二。其一，物理手段的实质是让利器与生锈部位相接触，用不可量化的人力将锈蚀剥离，在除锈过程中，修复工具极有可能划伤文物的鎏金表层，甚至损伤铜胎，造成难以逆转的保护性破坏。其二，此次修复的首要任务是去除象耳上的碱式氯化铜，防止粉状锈侵蚀胎体，所以氯离子的移除成为工作的重中之重，而物理手段不能保证将器物上的有害成分完全根除，会为之后的文物保管与日常养护工作留下隐患。综上所述，选择化学除锈法相对可行：按一定成分配比的试剂既有利于保障未损部位的安全，又可与铜锈进行化学反应，让有害锈自行地消融褪逝。

（三）修复材料之选择

此次的除锈试剂选择了用柠檬酸与纯净水进行配制。与人工合成的其他酸性溶质

图四 修复后局部图

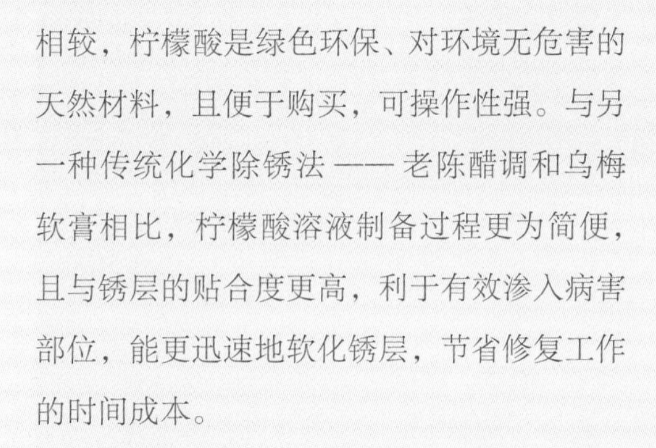

相较，柠檬酸是绿色环保、对环境无危害的天然材料，且便于购买，可操作性强。与另一种传统化学除锈法——老陈醋调和乌梅软膏相比，柠檬酸溶液制备过程更为简便，且与锈层的贴合度更高，利于有效渗入病害部位，能更迅速地软化锈层，节省修复工作的时间成本。

三 工作要点

（一）表面清洗

为在修复过程中不影响象身未损伤部位，修复者将备修的右耳从象体上取下，对其进行单独处理。先把摘下的铜质象耳置于纯净水中浸泡一段时间，让其上的浮尘在水中自然脱落，而后用软毛刷轻轻地刷去尚附着在象耳表面的污垢。待确认灰尘已除净，不需继续清洗后，将象耳从水中取出并及时干燥。

（二）去除有害锈

由于铜元素固有的不稳定性，铜器极易在保存环境中受温湿度及酸性气体的影响而生成的活泼性点状和片状锈蚀。出现于“太平有象”上的红褐色氧化亚铜，虽然没有被直接定义为有害锈，却常常与“青铜病”紧密相连，是有害锈碱式氯化铜产生的诱因，在修复过程中需尽可能地被移除掉。

“青铜病”表现为腐蚀产物堆（即酥粉状锈）的出现，它是由小孔腐蚀开始的，“蚀孔表面会出现暗红色的氧化亚铜，蚀孔的底部则会出现白色的氯化亚铜。如果青铜器表面的某一个部位的氯化亚铜层进入大量的水和氧气时，就会与氯化亚铜发生反应，从而形

成碱式氯化铜”。作为粉状锈蚀，碱式氯化铜更加便于潮湿空气侵入铜器内部，导致锈蚀向深处扩展并不断蔓延，长期如此会引发铜器穿孔鼓泡、胎体酥化甚至解垮等严重后果。

为将“太平有象”的锈蚀问题深度解决，参与此次修复的文物工作者将氧化亚铜与碱式氯化铜一并去除。具体操作方法如下:(1)用温水溶解柠檬酸，按比例调配出弱酸性柠檬酸溶液，浓度控制在5%～10%;(2)将右象耳放入柠檬酸溶液中浸泡，让柠檬酸充分地浸渗入锈层中，直至锈蚀松动易除;(3)用软毛牙刷刷洗锈蚀部位，注意控制力道;(4)用纯净水清理牙刷刷擦过的部位，将已剥落的锈粉冲洗掉;(5)将上述3、4步骤交替进行，反复数次，确保氧化亚铜与碱式氯化铜已全部去除为止;(6)将除锈完毕的右象耳再次放入纯净水中浸泡几个小时，洗掉多余的酸性溶液;(7)用吹风机对铜质象耳进行干燥，准备进行下步工作。

(三)封护处理

文物界对封护的具体定义为:“在文物表面涂覆天然或合成材料，以防止或减缓环境(介质)对文物造成的损害的过程”，即用封护剂在文物表面形成防护层，意在隔绝外界环境中的水分、氧气和其他有害成分，从而保护文物。本次“太平有象”的封护工作沿用了我国传统青铜修复技艺，将乙醇与漆片进行调和，用毛笔蘸取调和物并均匀地涂在曾经锈蚀的区域，将有害锈侵蚀留下的细小孔洞填实，从而阻绝氧气和水分，防止有害锈再生。

(四)修饰与做旧

修饰与做旧是本次修复任务的最后一道工序，也是我国铜质文物传统修复的必要流程 。它要求文物工作者对已经修复好的部位进行上色，对修复痕迹加以遮盖润饰，使清理、修补的部位与原器物融为一体、不露破绽(图四、五；参见图二、三)。“太平有象”的修复者将漆片、金粉与乙醇相调和，采取传统笔涂法在象耳的除锈部位层层抹画，反复涂饰，使曾被锈蚀的5.5厘米×1.5厘米区域恢复原有的色彩与光泽，令其与鎏金的象体和谐统一，以此满足日后展陈的需要。

结 语

该次“太平有象”的保护性修复结合了传统与现代修复技术，不仅践实了“修旧如旧，恢复原貌”的文物修复理念，还在除锈方面取得了预期效果。该文物自修复以来屡经展出，至今尚未有新发有害锈的生成。

从根本上而言，保护性修复是一种抢救式的修补与治疗，它意味着在短时期内对文物存在的病害机理进行有力干预，恰似“亡羊补牢”，侧重于时效性。对于每件文物来讲，日常的检测与保养都是非常必要的。就如我国文物法总结的十六字方针：“保护为主，抢救第一，合理利用，加强管理”，持之以恒的防守性保护措施才是防微杜渐、延续文物寿命的关键。铜器的修护是个复杂的问题，从国内外现有技术来讲，任何封闭手段也仅起到相对的缓蚀作用，氯离子的移除效果也有待于更先进技术的科学检验。文物工作者还是应当从研究和控制金属类文物的腐蚀环境入手，在平时工作中注意方法与措施的合理性及规范性，尽量规避出现保护性破坏的情况。

参考文献

①杨忙忙:《铜器锈蚀原因及处理方法之探讨》,《考古与文物》(第3期)，1997年。

②贾文忠:《古玩保养与修复》，北京出版社，2000年。

③中国文物学会文物修复委员会《文物修复研究》，民族出版社，2003年。

④许淳淳、潘路:《金属文物保护——全程技术方案》，化学工业出版社，2012年，第68～128页。

⑤梁宏刚，王贺:《青铜文物保护修复技术的中外比较研究》,《南方文物》，2015年。

⑥任艳艳:《青铜文物腐蚀与保护研究》,《中国民族博览》(2016年第2期)。

殿起白云却当真，满清误国亦成尘

张恨水与颐和园的情结

唐润

张恨水（1895～1967年），原名张心远，祖籍安徽潜山县。他是我国现代著名的章回小说家，也是著名的新闻工作者，能诗擅画。张恨水一生爱憎分明，富有正义感，从少年时代就接受了维新思想影响，积极支持参加1919年五四运动，以记者身份正面报道五四运动的事迹，揭露反动政府的残暴行径。

从20世纪20年代始，张恨水就以章回小说的形式对封建军阀、官僚显贵、遗老遗少的腐朽生活予以揭露和谴责，而对广大被压迫的人民给予了同情，具有一定进步意义。当他的成名小说《春明外史》《金粉世家》和《啼笑因缘》等发表后，深受市民阶层的喜爱，风行一时。抗日战争期间，他被选为中华全国文艺界抗敌协会理事，写出了不少以抗日为背景、揭露当局腐朽统治、针砭时弊的小说和杂文，其代表作有《八十一梦》。它以梦幻的形式，鞭挞大后方国民党统治下的丑恶、腐败的社会现象，受到广大读者的欢迎，引起各界强烈反响，特别是得到中国共产党主要领导人的赞赏和肯定。新中国成立后，张恨水被聘为文化部顾问及“中央文史研究馆”的馆员，受到党和国家的重视，多次参加政府的许多重要活动。他参加过毛泽东主席亲自主持召开的最高国务会议，聆听过毛主席所做的《关于正确处理人民内部矛盾问题》的讲话。同时，还以他久病之身撰写了大量反映新社会生活的中短篇小说、散文和诗词，改编了一些优秀的传统民间故事。

张恨水一生为后人留下百余部小说（有人统计是130部）和不少诗词、散文，计有3000多万文字，为人称作“写小说的机器”。他在北京生活了40余年，对北京怀有深厚的感情，喜爱北京的古典园林，其中去得最多的地方除了北海公园，就数颐和园了。

1947年夏天，张恨水的好友张慧剑来到北平。张恨水以东道主和老北平的身份，热情地接待了这位当年曾经共事、著名新闻工作者、散文家、患难与共的老朋友，并陪伴这位好友几乎游遍了北平的所有著名景点。一天，张恨水特别邀请张慧剑去游颐和园，陪同的还有张恨水的夫人和子女。

这一日，天空晴朗，万里无云，就像一尘不染的湛蓝色的玻璃。金灿灿的阳光，把颐和园古老的建筑映照得金碧辉煌。泛着涟漪的昆明湖水，宛如无数金色的小蛇闪烁着、跳跃着。张慧剑在张恨水及家人的簇拥下，由乐寿堂走进长廊，看到这么多雄伟壮丽的宫廷建筑，那么美好的湖光山色，简直置身于仙境一般，大家异常兴奋。此刻，张恨水好像是导游者，滔滔不绝地讲解长廊的概况，尤其重点讲解了长廊中彩画的画意与典故，还不时对颐和园中殿阁上的匾额楹联予以讲述，并发表了自己的看法，引起老朋友和家人的极大兴趣，别有趣味。当走到排云殿前时，张恨水极度兴奋起来，大声说道："颐和园什么都好，只是那些殿宇楼阁的题名太富贵气，只有这里的'排云殿'用'排云'两字题名的殿名，才比较好些。它好在没有皇家的富贵气，平淡中见新雅。'排'字见殿堂之严谨规格；'云'字又显殿堂之高耸神奇、大气，切题入景，恰到好处。"朋友听到张恨水这通高谈阔论，见解不凡，连连颔首称赞。然后，张恨水边仰视高耸云霄巍巍的排云殿，边对夫人说："你带着孩子陪着剑慧去爬排云阁，我就不上去了，在这牌楼下等你们。"说完，他自己就到牌楼一侧站到那儿，目送他们进了排云殿的大门。当他看不见他们的背影时，便拿出一个小马扎坐在那开始写生。待大家下来时，他已把"佛香阁""排云殿"和周围的景物一一画了下来，画得细腻、准确，栩栩如生，赢得大家的赞誉。

正午时分骄阳似火，但大家仍玩得很高兴，不觉疲劳。即便如此，张恨水还是建议回城用餐休息。回到家中稍作休息后，张恨水思如泉涌，于是挥洒了两首《排云殿侧影》诗：

一

尚值游人信口夸，当年宫殿接云霞。

可怜配合湖山处，不奏弦歌奏鼓笳。

二

殿起白云却当真，满清误国亦成尘。

登临咫尺愁风雨，转少闲忧吊古人。

从上述可知，此诗是张恨水陪伴客人

和家人游览颐和园之后，回到家中抒写的。诗中的“尚值游人信口夸，当年宫殿接云霞”以及“殿起白云却当真”之句，可谓是诗人对颐和园主体宫殿即“排云殿”景致的描述，顿觉这座宫殿的雄伟、高大，应有一种自豪欣喜之感。但把两首诗联系贯通来读却没有此种心境，兴奋不起来，反而有一种压抑、忧伤之思，何也？倘若分析一下此诗写作的大背景，就可知诗人所要表达的意思了。

由前述可知，这两首诗写于1947年夏天。那时抗战胜利不到两年，日本帝国主义的侵略给中国人民带来的灾难、民不聊生的痛苦情景犹在眼前，可就在人民呼唤和平、祈求国家安定之际，国民党反动派却不顾人民的反对，悍然挑起内战，大肆进攻解放区，欲迅速消灭中国共产党，使广大人民又陷入战争的深渊，山河破碎，国无安日。目睹此情此景，心爱祖国和人民又有正义感的作家张恨水，心里难以平定，故以咏古的诗歌形式，表达了他对国运沧桑坎坷的凭吊之情，字里行间流露出他深

沉的忧伤。诚如诗中所言“登临咫尺愁风雨，转少闲忧吊古人”。

张恨水生前多次来颐和园游览，并与此园结下不解之缘。这不仅表现在他的诗里，还流露在他的小说和散文中，这充分说明他对这座古典皇家园林是情有独钟的。在这里只要看看他的一篇散文，便可知晓了。

1956年清明节后，张恨水挥毫写了一篇《春游颐和园》的散文（也可谓是一篇游记），约有2500多字。在这篇散文中详细重点地介绍了园中的主要景点，采取夹叙夹议、情景交融的艺术写作手法，勾画出颐和园的仙境、美景，文笔清新隽永、韵味深长，读后使人忘乎所以，心旷神怡。

在这篇散文一开头，张恨水就介绍了颐和园的历史发展情况。文章说：“颐和园是我们祖国最大的一个花园。当年的建筑工人荟集了苏州、杭州、无锡等处有名的风景、建筑形式，修造成这样一个美丽的花园。但是这里的山——万寿山、水——昆明湖，却是天然的水。远在一千五百年前郦道元的《水经注》里，就记载了这个山、这个水，而且还说它是更古一些的‘燕之旧池’，并且在郦道元那时候，就已经是亭台远瞩、胜游之地的风景区。但在后来，却被统治阶级占为己有，成为禁苑。远在八百年前，金朝建都燕京的时候，这里就修筑了‘西山行宫’，山称瓮山，水称大泊湖。到了明朝，又增加了不少建筑，便起了个园名叫‘好山园’。到了清代乾隆年间，把它列为禁苑之一。1750年改名‘清漪园’，山改名万寿山，水改名昆明湖，更修筑了周围十六华里的园墙，人民从此再想看一看那波平如镜的水面，却不可能了。后来，1860年英法联军攻进了北京城，焚毁了圆明

园和这座清漪园；英法联军走了，逃跑到热河的西太后回到北京，为了她个人的享受，竟动用了最重要的国防——海军经费，来重修这座园林，因为她要‘颐养天和’，就从她个人享受上改了园名叫颐和园。不但把原来清漪园重修起来，还另外修建了许多殿宇楼阁，如有名的排云殿，就是那次重修后的新筑物。”作者以历史发展的顺序，用质朴无华的文字，清晰简练地讲述了“颐和园”的来龙去脉，使人立刻清楚了颐和园的发展历史以及园名的含义，同时也让人知道了外国侵略者毁坏中华文明的罪恶事实！然后，作者又有几句议论，引起读者的深思。他说：“颐和园由于封建统治阶级搜刮民财、荼毒民命（为了修颐和园，曾收土药税，公开卖鸦片烟），枉费人力，才把这座名园装点得如此宏丽，我们今天游颐和园时，不能不对这种暴政憎恨，但也不能不对我们劳动人民的灵巧双手表示钦佩。”

张恨水像位真正的导游者，他文中介绍完颐和园发展的历程之后，立刻招呼着“春天来了，我们好好游一游颐和园吧。”

“……进园门过了仁寿门，迎面就是仁寿殿，里面陈设着西太后坐朝的原样子，有‘宝座’、‘御案’和龙凤宫扇等旧物……向西北走，是德和园，里面有三层楼的戏台，戏台对面是颐乐殿，西太后就坐在颐乐殿里看戏；当那颐和园里锣鼓喧天的时候，也就是园外六郎庄、挂甲屯一带稻农含着泪卖青苗的时候……穿过宜云馆后身，就到了乐寿堂了。乐寿堂是当年西太后的卧室，现在仍然保留着西太后在这里饮食起居的一些排场，从这里我们可以看出封建统治阶级奢靡的享受来。乐寿堂后院有玉兰花，这在北方是很少见的名贵的花木，据说，从前‘清漪园’的时代，这里的玉兰还是蔚然成林的，所以这里叫过‘玉香海’。但那些名花也在1860年被英法联军给摧毁了，仅剩下这四株，还可以供我们欣赏，从它身上也引起我

们对帝国的更强烈的仇恨。”

从上述这段文字来看，作者仍然采用夹叙夹议的手法，既向我们讲解了园中主要建筑的概况，吸引我们随着作者移步换景，感受颐和园的壮丽、雄伟，同时也让我们对封建统治者的奢靡和帝国主义者破坏文明产生强烈的愤恨。

现在再让我们跟着作者欣赏一下颐和园中最瑰丽、最宏伟的一处景致吧。行文道：“出乐寿堂，从邀月门起，往西直达石丈亭，就是那273间长廊了。长廊既是这样长，所以靠山一带名胜，就都在它的怀抱中了。放眼往昆明湖上一看，只见春波荡漾，十里湖光；再远看一点，十七孔桥把湖山分成了两半；仿照黄鹤楼形式建筑的涵虚堂，和北岸遥遥相对，矗立在南湖岛上，堂下就是游船的码头，岛上还有龙王庙。横卧在湖的西部的是长约五里的西堤……沿堤杨柳，已然抽出来新叶，飘拂水面，真仿佛是到了西湖‘柳岸闻莺’了。走到东段长廊的西头，正对着面湖‘云辉玉宇’的北面宫门，那就是排云门……游人进了排云门，过了荷花池的小石桥，进二重门就是排云殿，这里是颐和园的山景中心，过去是西太后受‘朝贺’的地方，殿里还有原来样式的陈设，只是经过反动政府多年的摧残，陈设已然不是原来那样了。排云殿后是德辉殿，德辉殿后是佛香阁，一层比一层高，都围绕着名胜而上。上完了这些名胜，再朝下一望，真是排云而上啊！佛香阁是全山的最高处，是八角形的三层佛阁，下层内供接引佛。它和德辉殿完全是石级，要步步爬上，这个石级，也有名字，叫作‘朝真磴’。此外还有两条路：往东通‘转轮藏’，转轮藏楼前有‘万寿山昆明湖’的大石碑，碑阴刻着‘万寿山昆明湖记’。往西通宝云阁，这个阁的栋宇、窗牖、佛案，完全是铜铸成的，所以又叫铜亭。从这里我们可以认识到我们祖先高超的冶金技术和劳动人民的辛勤劳动。”

通过张恨水对园景的这段叙述、描绘、抒写和议论，我越发感到他的文笔魅

力 —— 精练、清晰、细腻，即使你未来过颐和园，一看到这段文字的描述，眼前就会立刻呈现出佛香阁的样子 —— 雄伟、高耸、富丽、大气；你会油然从内心深处发出啧啧的赞叹，你会为我们祖先的智慧感到无比的骄傲，你还会为劳动人民辛勤劳动的结晶感到无比的自豪！

其实，在张恨水这篇散文中，还有一段文字令我难以割舍，那就是他对谐趣园别具一格介绍和描写："我们不向后湖去了，往东下山吧 …… 下山经过景福阁，到了一个山石重叠，修竹摇曳，清流潺潺的所在，这就是谐趣园的西北角玉琴峡，这就是仿照惠山寄畅园修造的园林，原名惠山园，1893年重修后改名谐趣园。园里随着堂、轩、楼、斋筑就的水池，夏季荷花盛开的时候，是别有风趣的。由玉琴峡往东南一拐，就是谐趣园正厅涵远堂，是以前西太后避暑的地方，在明净的玻璃窗里，可以一览无余。涵远堂的东后偏是湛清轩，里面藏有刻石。顺着白玉石栏东南行，在东岸的是知春堂。由知春堂过知鱼桥，顺着画廊西南走，过饮绿亭和洗秋、引镜两亭，就到谐趣园的园门，回顾那春水微波的谐趣园就如在脚下，而园西的澄爽斋、瞩新楼却兀自独立在谐趣园门的北面，它仿佛是谐趣园的欣赏者和旁观者。"

殿起白云却当真，满清误国亦成尘

读了作者对谐趣园全景的描绘，不知读者有何感触？是否可以说使我们更加体味到张恨水文笔的特点，除了我在前边所概括的清新隽永、韵味绵长外，还应加上细致入微、流畅秀美，宛如潺潺的小溪，锦瑟弦歌，美妙动听，引人入胜。如果说诗源于情，情是诗的灵魂，那么同样可以说，一篇优美的散文也必然是作者真情实感的产物，否则就不能吸引读者，流芳百世，传诵千古。

由此可见，张恨水的这篇《春游颐和园》及《排云殿侧影》两首诗，之所以流传至今，为人欣赏，其根本原因就在于，他对这座古典园林倾注了真情与挚爱，并且这种爱和情是宽厚的，力透纸背，流淌在字里行间。

（唐润系首都师范大学经济学副教授）

优化顶层设计和调整总体布局

完成《颐和园文物保护规划》《颐和园总体规划》修编，以及《颐和园旅游总体规划》《颐和园宫门外附属重要历史建筑及地段保护规划》《颐和园遗址保护与展示利用总体规划研究》编制工作。东宫门公交场站腾退完毕，颐和园制定《颐和园东宫门公交场文物保护利用规划》，向海淀区国土资源委申报材料，积极推动东宫门及周边地区土地确权工作，努力兑现申遗承诺。

加强票务上网和客流管控

坚持票务、秩序“双管齐下”，电子票务系统升级改造（三期）完成4个园中园和6个大船码头票务系统安装，微信公众号团队预约购票自3月试运行以来，已注册旅行社导游3千余人，接待团队游客9.7万人，收入290余万元；建立完善“提前购票、无须换票、快速入园”的管理模式，历史首次启动国庆节日园区“预约限流”，实现了第一次在客流“触红线”时启动门区限流，第一次在高峰时段限流“点刹车”，受到了媒体正面积极的报道，得到了广大游客的认可支持。

发扬传承历史名园金名片

成功举办颐和园、天坛申遗成功20周年系列活动。成立颐和园研究院，举办学术研讨会，与沈阳故宫博物院、文物出版社签订战略合作框架协议，推出“明珠耀两河——西山永定河、大运河文化带视角中的颐和园历史文化展”、“颐和园申遗成功二十年遗产保护成果展”和“夏宫的约会——彼得夏宫罗曼诺夫王朝珍宝展”、“御宝璆琳——清宫旧藏玉器特展”、“吉金咏年——贾文忠金石拓片展”5项展览，出版《颐和园遗产保护20周年成果画册》，12月完成《颐和园》纪录片制作，全方位展示颐和园申遗成功二十周年以来在世界文化遗产保护方面取得的成绩。

展示传播文化底蕴

在对外交流方面，以首次赴美国洛杉矶独立举办慈禧文物展为代表，在福建博物院、海淀博物馆分别举办“风华清漪——颐和园藏乾隆文物特展”和“皇室遗珍——颐和园藏清代典籍展”，累计展出展品355件套，组织“中国－欧盟旅游年”欧洲蓝点亮活动，“北京市公园管理中心献礼国庆70周年特展”前期筹备工作有序推进，并积极参加业内花卉展览4项，3件盆景和插花作品入选2019年世博会北京展品春季预展。

塑造颐和园文化品牌

颐和园晚间文化活动推出适合公众游览路线，收到游客广泛好评；年底面向公众免费开放霁清轩院落、耕织图五展厅《清代皇家园林石作工艺展》；年内举办特色冰雪活动，举办“‘两梅’迎春文化展”和“‘颐和秋韵’桂花节”，推出益寿堂和耕织图爱国主义教育基地的红色游路线。发展“一园一品——皇家文化体验”科普品牌建设，悬挂植物科普牌示3500余块，开展文博探秘、生态颐和、倾心国粹三个系列19类33次科普活动，举办“吉祥文化展”，以及科普外展4次，受众200万人次。

深化历史文化研究

加强中心及园管在研12项科研课题管理，修订《颐和园科研课题管理办法》，完成《颐和园文化“一园一品”调研报告》，出版《颐和园藏文物大系·外国文物卷》《颐和园老照片集萃》等6本文化书籍。丰富文物藏品，征集档案和老照片等14套拍品，购买、复制皇家御船、颐和园河道水利设施等样式雷图样、电子档案278件，推出颐和园微览50余期。

保障中央政务活动服务工作

截止到2018年11月下旬，共接待爱沙尼亚哈总统、匈牙利副总理等外事任务79起，其中一、二、三级任务25起，接待内事任务138起。出色完成中非高峰论坛接待服务保障工作，在时间紧、任务重、要求高、变数多的情况下，迅速明确任务、压实责任，全面做好环境布置、讲解服务、安全协作等多项工作，为4批次来访宾客提供热情周到服务，受到外宾高度赞扬。

打造美丽公园

科学、规范化古树名木管护及复壮，开展古油松、西堤景观大柳树树体保护，更新古树木地台，完成1607株古树新制树牌的悬挂，加强病虫害防治，减少农药施用量，科学喷灌，全年节水1757吨。2项园林科研课题分获2017年北京市公园管理中心科技进步二等奖和技术革新奖，其中“树洞修补技术在颐和园湖岸区的应用”已应用于全园乔木树洞修补。

在提升精细化管理能力上有新作为

创新性的开展“综合服务质量月”活动，充分发挥“园、部室、科队”三级执勤值守作用，深入加强韩笑工作站、门区投诉站和游客中心“两站一中心”的服务引导作用，将服务质量保障与安全秩序维护常态化有机结合。2017年3 ~ 4月活动期间 ，治理扰序人员1545人次，劝阻不文明游客1万余次，提供咨询讲解和便民服务3万余次，在管理敏感期内有效打击黑导游商，游客投诉建议量下降。

深入推进文化中心建设工作

成立颐和园文化带建设办公室，统筹实施外围环境整治、规划编制、项目工程、学术研究、文化展示、环境提升等6类12项工作任务。西宫门拆迁腾退项目二次入户调查完毕，超额完成资金测算，形成评估报告。推动大运河文化带和西山永定河文化带建设，开展颐和园运河文化带和三山五园水利文物遗迹2项学术研究，举办两个文化带专题展览，设立大运河文化展示牌示，组织文化带区域颐和园标志性古建修缮，知春亭、福荫轩院落、画中游建筑群等3项跨年度修缮工程按期推进。开展昆明湖及周边水域水体治理，确保水质达标。

整体提升修缮保护水平

强化古建筑分级分类保护，制定整体修缮计划，做好荇桥西牌楼抢险修缮跨年度项目前期筹备工作，耕织图改造二期、苏州街西吊桥改造2项工程将于年底如期完工。

夯实文物安全保护基础

改造更新地库恒温恒湿机，完成6万立方米文物殿堂及库房虫害清消工作，出台露陈文物保护管理制度，33件露陈石质文物在耕织图展厅实现了集中收藏保管和展示利用。

加大遗产保护监测力度

继续对89处遗产要素开展古建病害巡

查诊断与评估监测，进行9项常态化监测，形成89本监测报告；对颐和园动植物、大气质量、水质等6方面生态环境指标实施监测56次，力求科学衡量和评估遗产状态，准确掌握生态资源变化。

着力抓好先进典型选树

完成《发挥“一室一站”作用，努力打造颐和园服务工作金名片的探索与实践》中心自选课题的调研，持续扩大韩笑品牌的影响力。完成2017年度“公园好故事 身边好职工”事迹申报、宣传、教育。完成20期“颐和榜样”事迹挖掘、微信推送；形成好人好事月报、月评机制，全年共表扬好人好事434件，推送“好人好事月榜”12期。

积极推进精神文明建设

开展“文明游园我最美”暑期文明游园，于中非合作论坛北京峰会召开之际，向游客发放倡议书，营造良好的宣传氛围；开展“新时代新担当新作为”主题道德讲堂，宣传优秀共产党员事迹。

加强爱国主义教育、红色教育基地的建设和宣传。

完成爱国主义教育基地情况调查和益寿堂海淀区爱国主义教育基地申报及设施完善；制作《颐和园红色游线路》宣传折页、推出红色游路线；组织开展了“传承红色文化 牢记历史使命”主题教育活动。

强化理论学习机制，突出分层式学习

坚持抓好处级、科级、普通党员三级理论中心组学习。充分发挥处级领导干部示范表率作用，强化责任担当。处级领导干部以园党委“十个带头、十个自觉”为引领，积极参加联系支部“三会一课”、专题民主生活会及所在党支部、党小组的组织生活共40余次。全面开展“不忘初心、牢记使命”主题教育，切实提高广大党员干部的政治素质和党性修养。持续创新宣传载体，凸显党建工作活力。制作更新宣传展板40块，制作推送“我们的国庆献礼”等主题微信65期。邀请“绿色出行 畅通北京”交通宣讲团来园宣讲。五是认真落实意识形态责任制，打牢职工思想基础。

扎实推进党的基层组织建设

坚决落实民主集中制，加强领导班子建设。坚持完善党内制度，筑牢全面从严治党基石。重新修订了《党费收缴、使用和管理制度》，制定了《生活困难党员关爱帮扶制度》。坚持固本强基，着力提升支部工作标准化，规范化水平。坚持支部百分量化考核，强化党建品牌建设。坚持问题导向，开好处科两级专题民主生活会。坚持治“慵”提能，创新开展党支部党课观摩和主题党日活动的“双互评”活动。强化责任落实，顺利完成基层党组织和在职党员“双报到”。一个月内，全园在职党员报到率达到100%。园党委积极配合青龙桥街道开展社区安全整治、换届改选，协助街道号召党员参加社区活动等，部分党员利用岗下时间积极参加社区服务。坚持把好党员入口关，抓实党员队伍管理。

《颐和园》
第十六辑

征稿启事

《颐和园》是由颐和园管理处主办的内部学术资料集，自2002年起开始，每年汇编一辑。征集文章以深挖颐和园历史文化内涵、弘扬中国优秀传统文化为目标，以传达研究成果、交流学术动态、展示历史文化、提升遗产保护水平为核心内容。以立足名园、面向行业、放眼世界为视角，为研究和热爱颐和园的学者、专业人士提供一个学术交流的平台，特开辟以下十七个栏目：

- **视点**：以简讯的形式总结颐和园及园林行业的大事；
- **园史钩沉**：清漪园、颐和园时期的史料研究；
- **园林艺术**：从造园、美学等方面诠释颐和园的造园艺术；
- **文物鉴赏**：对园藏文物或与颐和园有关联的他处文物的研究、赏析；
- **园林建筑**：颐和园古建筑的研究、保护与利用；
- **人物丛谈**：与清漪园、颐和园有关联的古人、今人；
- **园林美化**：颐和园绿化、美化、植物配置以及相关史料挖掘；
- **皇家览胜**：颐和园及之外的园林、宫殿的介绍、研究；
- **文物保护**：现代的文物保护技术及管理手段；
- **遗产经营**：从保护世界文化遗产的角度理解颐和园的发展；
- **公园管理**：公园各项管理工作及经验、成果；
- **聚焦名园**：颐和园专项工程的特别报道；
- **规划建设**：对颐和园未来建设项目及发展方向的规划性设想、方案；
- **文化交流**：颐和园在行业内的或与外界的交流活动；
- **知识长廊**：介绍园林、古建、文物、历史等方面的专业知识；
- **名园忆往**：曾经工作于颐和园各个岗位的离退休老职工讲述颐和园过去的事情。
- **争鸣园地**：发表对某一事件及事物不同的看法。

❋ 文章文体不限，篇幅5000字左右，要求稿件立意新颖、文字流畅、史料翔实。来稿文责自负，对于侵权、抄袭的图文，本刊不承担连带责任。

❋ 来稿可通过电子邮件或邮寄形式发送。来稿要注明详细通讯地址、姓名、电话、单位。稿件由本书编委会审定通过并采用后，赠送两本样书。来稿一律不退，请作者自留底稿。

《颐和园》联系方式：
地址：海淀区宫门前街甲19号颐和园管理处研究室
邮编：100091
电话：62881144—6384
联系人：郜 峰
E-mail: yiheyuanyanjiushi@126.com